儿童情绪管理手册

李少聪 著

天津出版传媒集团

天津科学技术出版社

图书在版编目（CIP）数据

儿童情绪管理手册 / 李少聪著 . -- 天津：天津科学技术出版社，2023.4
ISBN 978-7-5742-0964-0

Ⅰ.①儿… Ⅱ.①李… Ⅲ.①情绪—自我控制—儿童读物 Ⅳ.① B842.6-49

中国版本图书馆 CIP 数据核字（2023）第 049658 号

儿童情绪管理手册
ERTONG QINGXU GUANLI SHOUCE

策 划 人：杨　譞
责任编辑：杨　譞
责任印制：兰　毅

出　　版：	天津出版传媒集团 天津科学技术出版社
地　　址：	天津市西康路 35 号
邮　　编：	300051
电　　话：	（022）23332490
网　　址：	www.tjkjcbs.com.cn
发　　行：	新华书店经销
印　　刷：	德富泰（唐山）印务有限公司

开本 880×1 230　1/32　印张 7　字数 140 000
2023 年 4 月第 1 版第 1 次印刷
定价：38.00 元

前言
PREFACE

孩子的情绪就像夏天的暴雨,说来就来,有时还夹杂着冰雹,让父母不知所措,且难以招架。

孩子的害怕、愤怒、生气、悲伤,并非没有来由,背后往往藏着难以诉说的、没有得到满足的情感需求。如果孩子的情绪总是不被看见,他就会压抑自己的开心与不开心,成为一个习惯于忽视自己情感需求的人,自卑感也会油然而生。

孩子最坚实的安全感源自父母对自己情绪需求的看见、满足和回应。当父母试着站在孩子的角度去感受和理解,而不是独断专行,情感才能在孩子和父母之间流动起来,亲密的联结才能建立起来。情绪被父母看见和接纳的孩子,才会接纳自己的感受,而不是一味逃避。

但面对孩子的情绪,尤其是在孩子表现出不服气、不服管、顶嘴、与父母对着干的行为时,父母内心的火往往蹭一下就被点燃了,"一个小娃,反了天了。""我就不信今天治不了你了。"当理智被烧成灰,接下来必然是劈头盖脸一顿怒骂。

初时,孩子可能被镇住,不敢高声语,乖乖照做。但暴力压制,就像用手掌把一个球往水中摁,前期摁得越狠,后面反弹得越厉害。次数多了,孩子内心的叛逆就会爆发,并且变本加厉,不惜采取更强烈的方式回应父母,也许他们会站在窗台上威胁说要跳下去。和孩子对抗,最终败下阵来的一定是父母。

而且,吼叫的教育方式,也会潜移默化影响孩子的行为方式,被孩子默默复制。他们终将有一天从暴力行为模式的受害者,变成施暴者。美国心理学博士马歇尔·卢森堡提出了闻名世界的非暴力沟通理论。

就像法国作家拉·封丹写的语言"南风效应",让人乖乖脱下外套一定是温暖的南风,而不是凛冽的北风。同样,让孩子心服口服,放下戒备和对抗的只有温柔的引导,而不是严厉的呵斥。放下大人的所谓面子,用平和的方式与孩子沟通,才能化解和孩子之间的分歧矛盾,在协商中取得一致,在合作中解决问题。

熊孩子的一些行为固然让人崩溃,但熊孩子也不是一开始就是熊孩子,多半是因为情绪阻塞导致。如果父母从一开始就正确应对,熊孩子的顽劣不需要对付,就能彻底被瓦解,这种方式就是共情。

心理学家武志红说过:"情绪就像流动的河流,你没办法压制,只能慢慢疏通。"被共情的孩子,情绪才能得以宣泄,感受到被理解,被尊重,从而愿意主动放弃错误的行为。

孩子每天都会面对愧疚、抑郁、失落等各种各样的情绪问题,它们就像是孩子黏附在孩子身上的细菌。如果孩子自身的免疫力不够强大,就很容易引发出一系列的大问题,比如抑郁甚至出现自杀倾向。父母需要学习成为孩子的情绪疗愈师,治愈孩子的"情绪病",帮助孩子成为身心阳光健康的少年。

在所有的不良情绪中,父母最怕的往往是孩子的"玻璃心",遇到一点挫折就情绪崩溃、放弃。而生活的每一天,几乎都伴随着各种挫折,挨批评、输掉游戏、考试发挥失误等等。有些挫折可以克服,有些挫折则很长时间都无法解决。如果孩子没有一点抗挫折能力,恐怕要永远在阴影里顾影自怜。

所以,锻炼孩子的心理素质是必要的。成功了,值得庆祝,失败了,同样值得庆祝。被表扬,值得高兴,被批评也没什么大不了。有人夸,值得开心,被人诋毁,也不必丧气。最重要的是,教孩子不轻易放弃,不轻易低头,不轻易灰心,永远自信满满,永远心怀希望,一切皆值得期待。

父母亦不可能 24 小时待在孩子身边,帮他疏导情绪。孩子的小舟总有一天要独自面对未来的阴晴风雨,学会掌控自己的情绪是孩子应对未来的底层能力。孩子只有学会管理自己的情绪,才能在面对不可预知的一切时,掌控自己,然后生出从容应对一切的勇气和底气。

情绪是很多亲子问题的始作俑者。本书从八个方面，分别阐述了面对孩子的不同情绪问题时，父母该如何应对，才能避免踩中沟通中的雷。当然本书的目的并不仅仅是帮助父母驱赶走制造战火争端的情绪魔鬼，更是为了帮孩子建立正确的情绪认知，拥有积极面对一切的思维和能力。

　　本书从生活中常见的场景切入，步步深入解析藏于背后的原理，最后回到落地可行的操作上。改变，就从这里开始。当情绪被驾驭，家就不再是战场，而是一起解决问题，一起开怀大笑的地方。

目录

CONTENTS

第一章
看见并接纳孩子的情绪

1. "不烫","不疼",孩子的感受亲妈也代替不了....002
2. 一哭就拿零食哄,无法让孩子学会情绪管理....006
3. 超级"黏妈",是孩子出于安全感的正常需求....010
4. 乖巧背后,是孩子不敢表达情绪....014
5. 孩子情绪失控,只是需要父母的情感联结....018
6. 分享孩子的快乐,是给孩子最好的关注和爱....022
7. 接纳孩子的开心,也接纳孩子的不开心....026
8. 有了二胎,理解"老大"的恐惧和失落....030

第二章
不吼不叫养出情绪稳定的孩子

1. 孩子的好性格,来自父母的好脾气....036
2. 写作业时母慈子孝,孩子才能写得又快又好....040
3. 降低批评时的声调,更容易让孩子认识到错误....043

4. 对孩子非原则性的错误，假装"看不见" 046
5. 最气孩子顶嘴？柔软才是最好的还击武器 049
6. 和孩子有商有量，被尊重的孩子才懂得尊重别人 052
7. 比吼叫管用百倍的是，提前立规矩 055
8. 自己情绪不好的时候，总看孩子不顺眼怎么办？ 058

第三章
非暴力沟通法化解孩子的情绪

1. 施暴的父母永远得不到友善的回应 062
2. 当孩子倾诉烦恼，父母的回应很重要 064
3. 孩子叛逆处处唱反调，顺着聊不强迫 067
4. "我不会"正确回应孩子的畏难情绪 070
5. 孩子说害怕，温柔引导他说出内心的恐惧 074
6. 一味说教，只会让孩子的厌学情绪更严重 077
7. 错怪孩子后，要学会正确道歉 080

第四章
正确共情搞定熊孩子

1. 正确运用共情，解决孩子的哭闹 084
2. 孩子在公共场合哭闹，如何冷静应对 087
3. 底线清晰不妥协，让孩子自觉停止耍赖 090
4. 孩子打人咬人背后，是未被满足的情绪需求 094

5.孩子精力过剩爱捣蛋,给他宣泄的渠道..................097
6.先接纳孩子的错误,再纠正错误..................099
7.越阻止越逆反,适当满足孩子的欲望..................103
8.多肯定,激发坏孩子内心变好的欲望..................107

第五章
情绪疗愈,别让孩子悄无声息地崩溃

1.情绪也会"饥饿",关注孩子的心灵..................112
2.抑郁不是矫情,是情绪生病了..................115
3.别让你的"焦虑",成为压垮孩子的稻草..................118
4.不必"牺牲",用恰到好处的爱滋养孩子..................122
5.经常和孩子聊聊学习之外的趣事..................126
6.给孩子空间,去消化自己的情绪..................129
7.孩子情绪低落?和孩子一起做运动..................131
8.和孩子玩到疯的亲子游戏,最具治愈力..................135

第六章
锻炼心理弹性,让孩子告别玻璃心

1.陪孩子庆祝成功,也陪孩子庆祝失败..................140
2.该表扬就表扬,该批评就批评..................143
3.有远见的父母,都舍得孩子吃点苦..................147
4.让孩子有勇气拒绝别人,也坦然接受别人的拒绝......149

5. 遭遇差评？教孩子正确看待别人的评价 153
6. 提升自我价值感，让孩子远离自卑和脆弱 156
7. 带孩子见见世面，再大的事儿都不是事儿 159

第七章
提高孩子情绪管理力的 7 个方法

1. 教孩子认识不同情绪 164
2. 告诉孩子，心情不好的时候可以做什么 167
3. 孩子性情急躁，如何培养耐心 170
4. 正确引导，帮孩子顺利走出分离焦虑情绪 173
5. 帮孩子把嫉妒转化为正能量 176
6. 孩子"翘尾巴"，引导他适当承认自己的不足 179
7. 让孩子把内心的"情绪"画出来 182

第八章
建立正向思维，培养孩子的积极情绪

1. 遭遇倒霉事件，引导孩子做出积极的情绪选择 188
2. 没有幽默感的父母，如何培养幽默的孩子 191
3. 找方法不找借口，改掉孩子爱抱怨的习惯 194
4. 帮成绩差的孩子建立信心 197
5. 在贫穷的生活中，教给孩子乐观 200
6. 增强掌控感，提升孩子的自信 203
7. 发现美，培养孩子热爱生活的能力 207

第一章

看见并接纳孩子的情绪

1. "不烫","不疼",孩子的感受亲妈也代替不了

情绪剧场:

妈妈给女儿兑好了洗澡水,女儿一只脚踩进去,就嗷嗷叫着出来了,直说烫。妈妈用手试了试,说:"一点儿也不烫,赶紧洗!"

女儿死活不肯把脚踩进去,妈妈担心等会儿水该凉了,就强制把女儿的脚摁到了盆里,任凭她哭泣、挣扎、大喊。

情绪分析:

我们感觉不烫,那仅仅是我们的感受,而不是孩子的感受。但这一点常常被家长自动忽略,习惯依据自己的感觉标准去否定孩子的感觉。

生活中类似的场景非常多,孩子说:"我吃饱了。"妈妈说:"你才吃这么一点儿,就能饱? 乖,再吃点儿。"孩子说:"妈妈,我热。""热什么? 温度这么低,你得多穿点儿。"孩子摔倒了说:"我疼。"妈妈说:"没事,不疼,你看都没破皮,也没流血。"

网上有人调侃这种现象,"有一种冷,叫妈妈觉得你冷;有一种不疼,叫爸爸觉得你不疼;有一种饿,叫奶奶觉得你饿。"

父母原本是出于爱，担心孩子冻着、饿着，但很多人不知道长期不在乎甚至否定孩子的感受，会给孩子带来多大的杀伤力。

当孩子的感受不被理解，不被看见，甚至被否定，孩子渐渐就会变得迷茫，失去感知的能力。网上有一个让人看了想哭的故事，有一个9岁的孩子，在吃了一碗饭后，问爸爸："爸爸，我吃饱了吗？"

也曾有一个女孩20多岁了，在外地上大学，她在网上发布了一件让自己很尴尬的事：那天，她穿着毛衣，里面还套了秋衣和衬衣，而朋友都穿着短袖，以至于朋友都惊讶地问她："你不热吗？"她想了想说："还行。"朋友惊讶地盯着她说："你满头都是汗啊，你真不热？"她只好嗫嚅地说："我妈说看天气预报说降温了，让我多穿几件。"

当孩子连自己最基本的饥饿感、疼痛感、冷暖感都不能做主，都要靠别人来告知，他们就无法构建自我意识。一个人的感受是他自我存在的基础，孩子从呱呱坠地，作为一个小婴儿就开始在用吮吸、抓握来感知外界。孩子慢慢长大，学会了啃咬、触摸等，感受到的经验一点点累积起来，这就是孩子对这个世界的最初认知。

在这个过程中，如果父母承认接纳孩子的感受，孩子就能确认自己的感受，然后形成自我意识。相反，如果孩子的感受得不到承认，孩子就会怀疑自己的感受有问题，感到无比困惑和愤怒。而在父母的控制下，又无力反抗，只好慢慢选择远离和压抑自己的感受。最后,像木偶一样听从父母的话而活着,这就是假性自我。

当孩子连自己的感受都不了解、不确定、不相信,可能一生都需要依赖父母生活。

给父母的情绪管理建议:

孩子是一个独立的个体,他有自己的感知系统,感受也没有对错和好坏。在日常生活中,父母要试着放下自己的主观意识,多站在孩子的角度去感受。

1. 让孩子说出自己的感受

当孩子摔倒了,问问他:"怎么样了?疼不疼?"而不是上来就说:"没事,没事,一点儿也不疼。"当孩子碗里的饭没吃完,问问他:"是不是吃饱了?"而不是逼着他把碗里的饭吃完。

让孩子说出自己的感受,不仅能让孩子了解自己的身体和心理感受,也能让孩子感受到来自父母的关心,因此而感到安心。

2. 认同孩子的感受

孩子回到家后,向父母抱怨午餐在教室吃,味道太难闻了。如果父母说:"那有什么办法,谁让你们学校没有食堂。大家都一样,咋没听别的同学抱怨?"孩子可能会委屈闭嘴,父母又抱怨孩子有什么事都不愿意和自己说。

尊重孩子感受的第一条就是表达理解。当孩子说教室里的味道太难闻了,父母可以说:"可不,几十个人在那么小的教室里吃饭,肯定有味道。再加上现在是冬天,不开窗,那味道可想而知了。"孩子听到父母的附和,肯定会立即说:"是啊,一个下午都散不掉。""那你们中午吃的什么?没有吃韭菜吧,要是有,估计你们都得好好练习忍功。"听着你的调侃,孩子也会忍不住笑了。

3. 和孩子讨论他的感受

天气寒冷,孩子说:"妈妈,我想吃冰激凌。"如果父母直接反驳:"天气太冷,不能吃。"只会换来孩子的生气或者愤怒。父母不妨和孩子聊聊冰激凌这个话题:

妈妈:"你喜欢吃什么口味的?"

孩子:"奶油巧克力的。"

妈妈:"嗯,我也喜欢,巧克力好甜啊。"

孩子:"我好想吃啊。"

妈妈:"我也好想吃,尤其在夏天,天气最热的时候,吃上一个冰激凌,真是享受啊。"

孩子:"我记得夏天的时候,你买了一箱冰激凌,冻在冰箱里。"

妈妈:"对啊,夏天吃冰激凌才好啊,现在天气这么冷,吃一口牙齿都疼。"

孩子:"嗯,到了夏天,你再给我买吧。"

4. 尊重孩子的感受

减少干涉,尊重孩子的感受。比如,说好了让孩子自由搭配衣服,结果孩子穿一条蓝裤子,搭配一件红夹克,你觉得简直像红蓝铅笔。但那是孩子自己搭配的,他自我感觉良好,他没有用过红蓝铅笔,也没有意象。所以,忍住不说为好。

尊重孩子的感受,就是要忍住自己的好心,管住自己的嘴和手,少说、少做,就算心里有万般不情愿,甚至怒火中烧,也要确保说出来的话是有理有据的。

尊重孩子的感受,并且去保护好这份感觉,让孩子成为他自己。

2. 一哭就拿零食哄,无法让孩子学会情绪管理

情绪剧场:

游乐场里,豆豆非要玩安安的泡泡水,安安不肯,豆豆上去抢,两个孩子扭在一起。爸爸一把拽过豆豆,豆豆大哭。豆豆奶奶赶过来,柔声哄道:"豆豆,奶奶带你荡秋千好不?奶奶兜里有棒棒糖,你想不想吃?"

豆豆一听,立即不哭了,接过奶奶给的棒棒糖,朝着秋千走了。

情绪分析:

孩子哭闹不止,父母最常见的做法是拿点儿零食哄一哄,孩子就能立即安静下来,或者破涕为笑。

小孩子的注意力比较短,他们哭闹的时候,给他一点儿喜欢的零食,或者带他去做喜欢的事,都能让他们瞬间忘记刚才的不

快。这个"分散注意力"的招数因为有效,所以被无数爸妈奉为经典,每天使用。但很多人不知道,这么做会让孩子永远也无法学会情绪管理。

当孩子因为和别的小朋友抢玩具而哭闹时,父母用零食转移孩子的注意力,虽然孩子停止了哭闹,实际上孩子遇到的问题并没有解决,失去了可以借此帮孩子建立物权意识的绝佳机会。

用分散注意力的方式制止孩子哭闹,不仅会错失孩子的教育机会,还会带来更多危害。

第一,孩子不能感受父母真实情绪的回应。孩子哭闹时候,父母本来很生气,当时孩子正沉浸在自己的情绪中,无暇顾及。父母转移了孩子的注意力后,孩子心情瞬间阴转晴,父母也松了一口气,看起来像什么事都没发生,实际上错过了让孩子面对真实自己的机会。

孩子哭闹其实是很正常的情绪反应,父母与其害怕和逃避,不如直面问题。父母趁机纠正孩子的做法,或者给出简单的解决问题的方法,又或者直接告诉孩子自己的感受,如"你这样做,让我很生气。"让孩子感受到自己的态度,对孩子来说是一件好事。父母和孩子面对彼此真正的情绪,会让亲子关系更加真实自然。

第二,浪费了从中学习的机会。冲突带来纷争,但也是绝佳的学习机会。当孩子在冲突中哭闹,父母第一时间冲过去转移注意力,而不是引导孩子该如何做,甚至为此让孩子远离小伙伴,无形中就剥夺了孩子学习与人相处、处理冲突、互相协作的机会。

其他时候的哭闹也一样，比如孩子在超市因为想买一个玩具而哭闹，父母用一个气球转移了注意力，他就意识不到自己的错误。等下次去超市想要买什么，他仍然会选择撒泼耍赖来达到目的。

孩子哭闹时，父母需要帮他们认识社会规则和家庭规则，并最终内化于心，分散注意力则让机会白白流失了。

第三，分散注意力也会破坏孩子专注力的发展。分散注意力等于让孩子切换开关，忘掉刚才的事，这种人为的干扰刺激通常比较强烈，这会让孩子未来在面对有吸引力的事情时候缺乏抵抗力。

学霸和学渣最大的区别就是专注力，这种能力会影响孩子一生。所以，就算孩子哭，也不要轻易打断。让他哭一会，家长再来安抚，既给了孩子面对自己情绪的时间，也表达了自己对孩子的关爱。

第四，影响孩子的抗挫能力的发展。孩子一哭闹，父母就转移注意力把孩子哄开心，这会让孩子没有机会建立强大的内心去应对挫折，进而心理素质变差，遇到什么不开心的事不能冷静处理，而是寄希望于别人帮助。当孩子长大，离开父母，谁又会在孩子遇到难题时，耐心去哄他呢？

第五，加重孩子的叛逆心理。经常用转移注意力的方法对孩子，也许孩子当时挺开心，但次数多了，随着年龄的增长，孩子就会反应过来，感觉是父母在欺骗自己。等哪天父母再故伎重演，懂事了的孩子就会大爆发，开始抗拒，变得更加叛逆。不仅会加重亲子矛盾，也不利于孩子良好的性格的养成。

第六，导致不良饮食习惯。研究发现，通过食物来安抚的孩子更容易出现情绪问题，而且容易形成不良的饮食习惯，膳食摄入的情况更差。每次孩子哭闹，都用零食来安抚，会使孩子在不饿的情况进食，特别是在错误的时间进食过多小零食，不仅会影响正餐，还会因为摄入过多而出现肥胖。

可能有父母会反对，说自己看过一些育儿书，转移注意力是被值得提倡的一种方法。的确，转移注意力并非不能用，而是可以在婴儿期使用。而当孩子1岁后，懂得了不少事情，就要给予正确的引导，让孩子去认识情绪，发展更多技能。

给父母的情绪管理建议：

美国资深儿童教育专家珍妮特·兰斯伯里在《有边界才有自由》一书中，给出了帮父母应对在冲突中哭闹的孩子的方法：

1. 冷静观察

孩子起了冲突，父母不要立即插手阻止，先冷静观察，不要动嘴，更不要动手。给孩子一点儿时间去平复自己和解决问题。

2. 客观描述

如果是孩子之间发生冲突，没有对错，不要急于责怪哪个孩子。只需要客观描述一下他们遇到的问题，给他们机会自己去解决，但要他们保证不能互相伤害。

3.承认感受

当冲突的一方赢了，比如两个孩子用猜拳的方式，决定谁先玩小汽车，结果赢的孩子高高兴兴去玩了，输的那个会落寞，哭泣。这时候，可以去安慰输的孩子，同时也教他遵守游戏规则，最后再引导他试着去玩别的玩具。

4.表扬和鼓励

当孩子和好如初，开始分享玩具，或者专注地玩别的游戏后，父母要及时给予表扬和鼓励。

在孩子哭闹时，拿点儿食物和玩具转移孩子的注意力，是最省事也最有效的方法，但父母的偷懒一不小心就会付出昂贵的代价。

3. 超级"黏妈"，是孩子出于安全感的正常需求

情绪剧场：

从妈妈下班进门的那一刻，妞妞就贴在了妈妈身上。

"妈妈，抱抱。"

"妈妈，陪我玩。"

"妈妈，给我讲故事。"

"妈妈，我要拉臭。"

"妈妈，我要喝水。"

……

情绪分析：

无论什么事，都得妈妈来，其他谁都不行。超级黏妈妈的孩子，就像一块橡皮糖，不管何时何地都黏在妈妈身上。背着孩子做饭，抱着孩子去厕所……这样的事妈妈常干。以至于原本被孩子依赖的甜蜜，都变成了妈妈心力交瘁的烦恼。

这并不是孩子矫情，而是因为孩子和妈妈在一起感觉最安全，最轻松。帮忙带孩子的老人也会说，"哎呀，你不在家，孩子可好带了。你一回来，孩子事就多了。"其实，这正是孩子在向妈妈寻求安全感。

孩子黏妈妈，特别是年幼时候依恋妈妈是一种正常现象。美国著名儿童精神分析专家塞尔玛·弗雷伯格认为：从生命发展的意义上说，"黏人"是每个正常孩子都不可避免会出现的状态。

这是因为，孩子从出生的那一刻就开始经历漫长的心理分娩期，从0岁会一直持续到3岁。在这段时期内，孩子对妈妈依赖是本能的生理反应。

曾有一位心理学家帮女儿带孩子，孩子才几个月大，老是哭闹。这位心理学家就拿了一件女儿的衣服给孩子，孩子不哭了。即便是才几个月大的孩子，他也能从妈妈衣服上熟悉的味道得到安慰。

可以说，孩子需要的安全感，只有妈妈能满足，别人不能代替。想想，我们成年人不也喜欢和自己熟悉的信任的人在一起吗？和自己感觉安全的人在一起，才能放心地撒娇、卖萌，甚至耍赖。

孩子依恋妈妈，妈妈回应的态度决定了孩子管理情绪的能力以及性格的养成。心理学家根据妈妈对孩子黏人行为的回应，即是否能满足孩子安全感的需求，把孩子的依恋分为三个类型：

第一种，安全型依恋。这类孩子3岁之前从妈妈那里得到了充足的安全感，在感到饥饿、口渴、不舒服时，比如在受到惊吓或者伤害哭闹时，妈妈都陪在身边，能及时给予安慰和关注。

安全感被满足的孩子，做什么都感觉良好，能够表达真实的自己，知道自己要什么，喜欢什么也敢于表达，敢于追求。他们很早就能独立走出家门，很容易和别人建立友好的关系。

第二种，回避型依恋。这类妈妈不喜欢和孩子接触，不会拥抱逗弄婴儿，不会和孩子进行亲密快乐的交流。这类孩子对于妈妈也比较疏离，妈妈离开，他无所谓；妈妈回来，他也会选择忽略。

这类孩子长大后，也会回避和别人的关系。遇到问题，他们也不愿意求助，宁愿一个人扛着。在人际交往中，他们通常是一副高冷范儿，拒人于千里之外。表面上是我不想交朋友，实际上是我不会交朋友。

第三种，焦虑型依恋。这类孩子表现得很矛盾，妈妈离开，他会表现出极大的情绪反应，哭闹和反抗。但当妈妈回来，他又会把妈妈离开时的恐惧，通过愤怒的方式发泄出来，拒绝妈妈的亲近。然后是特别难过，最后才慢慢开心起来。

这类孩子长大了也是一样,既希望和妈妈亲近,又害怕和妈妈亲近。他们还会把这种关系带到恋爱和婚姻中,既希望恋人或者爱人亲近自己,亲近了,又很烦,当对方远离,自己更生气。遇到问题,他们总是歇斯底里地大喊大叫,而不是解决问题。

如果在婴儿期的情绪没有被妈妈理解和觉察,长大后,他们也无法理解和觉察别人。

在这个世界上,妈妈是孩子最信任和爱的人,所以,孩子才表现得如此黏人。当孩子需要的时候,妈妈尽量去陪着他,满足他。一般来说,6个月之前的婴儿跟妈妈怎么亲昵都不过分。

给父母的情绪管理建议:

所以,当你觉得孩子太黏人,一点儿都不乖,甚至不断挑战你的极限和底线,先不要生气烦躁,那正是他在向你寻求安全感的方式。但妈妈也不能全天候陪着孩子,那么,家长该如何培养孩子慢慢独立呢?

好好说再见:

害怕孩子在出门时候哭闹,很多妈妈都会选择悄悄溜走。这虽然避免了出门前的麻烦,但会让孩子更没有安全感。最好的方法是和孩子好好说再见,妈妈可以认真地告诉孩子,自己要去哪里,去做什么,大概什么时候回来。

耐心解释,一次、两次、三次,多重复几次,孩子会慢慢接受妈妈的离开,不会总是哭闹的。记得在离开之前,家长要给孩子一个拥抱,一个吻,并承诺什么时候回来。总有一天,孩子会淡定地跟妈妈说再见。重要的是，遵守承诺，按时回来，不要骗孩子，否则下一次出门就更困难了。尽量把回来的时间说晚一点儿，提前回来就是惊喜。

爸爸来参与：

妈妈可以让爸爸多多参与照顾孩子，鼓励孩子和爸爸建立亲密关系，这样就能减少对妈妈的依赖。

很多爸爸极少参与照顾孩子，工作忙是一个原因，更重要的是妈妈总是不放心爸爸单独带孩子。妈妈认为爸爸不够细心，又笨手笨脚，没有耐心，其实爸爸带孩子也有很多优势。比如爸爸动手能力强，爸爸习惯放养，这反而能给予孩子自立成长的机会。

给足孩子安全感，这样孩子渐渐长大，才会一点点从依赖走向独立。

4. 乖巧背后，是孩子不敢表达情绪

情绪剧场：

妈妈总是对琪琪说："琪琪乖，琪琪听话。"爸爸一年才回来一趟，每次临走叮嘱她的也是："琪琪，在家乖乖听妈妈的话啊。"

琪琪是别人眼里的乖乖女，从不惹妈妈生气，也从不像其他孩子一样哭闹着要这要那。因为妈妈说过火腿肠不健康，每次奶奶问她要不要吃火腿肠，她都摇摇头说不吃，其实她内心想吃得

要命。

情绪分析：

一直让孩子听话，会让孩子成为一个不敢提出需求、不敢表达自己情绪、不会拒绝的人。

多数孩子的情绪是外露的，比如被拒绝、挨批评，他们通常会用哭闹、发脾气、据理力争、不讲道理来对抗，但乖巧的孩子却会选择默默承受。比如，在学校被同学欺负了，他们也不敢说，总是忍气吞声。就算被误会了，他们也不敢解释。

在韩剧《请回答1988》中，有这样一句台词："懂事的孩子不会无理取闹，只是适应了应该表现成熟的环境，习惯了别人充满误解的视线。"培养乖巧听话的孩子，是在让孩子承受不该承受的成熟，失去儿童该有的模样，比如任性和无所畏惧。

相对调皮捣蛋，动不动就哭闹的孩子，有个乖巧听话的孩子，简直是一个家庭的福音。但那个表面平静，懂事得让人心疼的孩子，把内心的波涛汹涌都藏起来了，真的好吗？

著名心理咨询师、畅销书作家武志红在一档节目中说："听话是一场代代相传的骗局。"乖巧听话的孩子并不是没有情绪，没有需求，而是他们选择了长期压抑自己的感情，隐藏了自己的真实需求，把所有的负面情绪都不动声色地捂在了内心。他们内心敏感脆弱，极度缺乏安全感，有再多的委屈都暗自咀嚼。

当孩子习惯了压抑情绪，凡事都会表现得淡定，非常能忍。但负面情绪如果不能得到合理的宣泄，积累到一定程度，就会使孩子做出一些极端的行为。

郑渊洁曾经说："我从来不要求我的孩子听话，把孩子往听话里培养，不是培养奴才吗？"培养孩子听话，的确是在培养孩子的奴性，会促使孩子成为讨好型人格。孩子乖巧听话的背后是渴望父母的关爱和认可，他们害怕自己的行为会惹怒父母。为了得到父母的称赞，为了讨父母欢心，为了不受批评和责骂，他们努力做出听话的样子，学会了把自己内心最真实的一面偷偷藏起来，渐渐习惯了压抑自己真正的感受。

那么，为什么父母总是喜欢孩子听话？除了害怕孩子不听话惹麻烦，更多的是父母的控制欲在作祟。这类父母喜欢对孩子发号施令，控制孩子的衣食住行，还会打着"我都是为你好"的名义来要挟孩子。

心理学大师荣格说："当爱支配一切，权利就不存在了；当权利支配一切，爱就消失了。两者互为影子，密不可分。"

当父母用孩子听话来满足自己的控制欲，孩子的生命力就得不到尊重和认可。也许孩子因为年龄的缘故，而无以反抗，只有表现顺从，但孩子内心会衍生出怨恨、愤怒、抑郁等一系列的负面情绪。

给父母的情绪管理建议：

美国心理学协会有研究表明：那些为生计发愁、频繁更换工作、碌碌无为的成年人，性格上有一个共同点，就是过于乖巧听话。孩子太乖不值得父母到处炫耀，那恰恰是教育失败的表现。

那么，如何培养一个独立有主见，而不是处处听话的孩子呢？

1. 鼓励孩子表达真实感受

孩子不敢表达，多半是因为父母在孩子想要表达前，就堵住了他的嘴。比如，总是对孩子说："不要乱按遥控器。""不许吃棒棒糖。""不许哭！""别怕！"

感受并没有好坏，父母要允许孩子表达出来。比如，孩子盯着超市的糖果，就算你不打算给他买，也可以问问："你是不是很想吃？"然后再告诉他，为什么不能买。孩子知道了被拒绝的理由，也许会因为被拒绝而心里难过，但这种面对的过程，也是一个释放的过程。如果直接不允许孩子开口，孩子只能把需求压在心底，时间久了，要么直接爆发，要么发泄在别的方面，形成心理扭曲。

2. 鼓励孩子勇敢说"不"

在电影《当幸福来敲门》中，父亲对儿子说："你如果有自己的理想就努力去实现，不要听任何人的话，就算是我也不行。"这个观点听起来很反教育，不符合主流的教育观，但这才是给孩子成为自己最大的勇气。

告诉孩子："任何时候，你都有拒绝的权利。不必为了任何事，任何人，而委屈自己。"懂得拒绝的孩子，因为是非分明，性格爽利，敢爱敢恨，反而更令人喜欢。如果孩子总是事事委屈自己，不敢拒绝，会形成唯命是从、优柔寡断的性格，也可能会在忍耐很久后变得无所顾忌的叛逆。与其让孩子长大后爆发，不如从小教孩子学会说"不"。

父母需要的不是一个乖小孩,需要的是有主见,敢表达,有个性的有幸福力的孩子。所以,不要让听话毁了孩子的未来。

5. 孩子情绪失控,只是需要父母的情感联结

情绪剧场:

网上有一个的视频,一个男孩情绪失控,斯底里地大叫、砸椅子、掀桌子、扔东西、打人,非常"暴力"。他的妈妈在旁边,却仿佛置身事外,没有主动上去安抚孩子,只是冷漠地坐在一旁观望。

情绪分析:

视频下面有人留言,说这个孩子没有教养,一定是平时被惯坏了,"欠管教"。也有人感叹遇到这样一个熊孩子,自己是做不到像这位妈妈那样淡定。却很少有人看到孩子是在"呼救",包括他的妈妈。

孩子发脾气,一定是内心有某种需求没有被满足,渴望被看到、被满足,但是他最信任、最亲密的父母却表现冷漠,不在乎,甚至厌恶,亲子之间的情感联结断开了。这让孩子感到害怕,没有安全感,但又不知道如何去建立联结,只好顺着自己的情绪继续变本加厉地尖叫、摔东西……他不是没教养,他只是在

试探妈妈是否还在乎自己，是否还爱自己。

孩子的问题都在和父母的关系中发生，也只能在和父母的关系中得到解决。孩子和父母的关系则取决于情感联结的程度，也就是父母和孩子相处的模式。为了活下来，孩子在婴儿期就会调整自己去适应妈妈的沟通模式。

幼小的孩子会找到一种与妈妈相处最安全有效的方法，长期下来形成稳定的个性特征。其中包括他对自己和外在世界的看法，也包括他处理情绪的方式，选择自己行为的标准等。可以说，亲子之间的情感联结是孩子在生命力的驱动下的根本需求。

积极回应是联结最常见的反应，亲密的联结需要父母通过关心和爱护，让孩子感受到自己是被爱的、被接纳的。在这种关系里，孩子感觉安全、舒适，受挫的时候，他也能正确寻求帮助。

但面对孩子的愤怒、生气，不少父母学了一招冷处理，那就是不管孩子怎么哭闹，只是冷眼旁观，不理他。父母的选择性忽视会让孩子觉得，自己是没有存在感的，是不被爱的。也许父母的初衷是不惯着孩子，但同时也切断了和孩子之间的情感联结。

著名心理咨询师武志红曾说过："没有回应，家也是绝境。"从小得不到父母的关注和回应，长期遭受冷漠的孩子容易产生孤僻性格，不愿和别人交流沟通，心理不能健康发展。而且这类孩子也会在潜移默化中变得很冷漠，成为低信任者和低安全感者，很容易产生挫败感。

中科院心理研究所曾对1000多名儿童做过一个问卷调查，

结果发现：在身体虐待、情感虐待、性虐待和忽视这四大暴力行为中，"忽视"导致儿童抑郁焦虑的可能最大。

给父母的情绪管理建议：

愤怒的背后，必有所求。孩子情绪失控，只需要父母通过向孩子输送爱和帮助，把断开的亲子情感联结重新联结，就能让孩子平静下来。父母应该如何利用情感联结应对孩子的愤怒呢？

1. 接纳孩子的愤怒

只有在最亲近最信任的人身边，我们才会展露自己真实的情绪，孩子也一样。我们不能期望孩子一天到晚都笑哈哈的，孩子也会有生气的时候，这是他宣泄内心不满的方式。

笑是孩子的情绪，愤怒也是，都值得被接纳。千万不要在孩子生气时，利用父母的威严镇压，以暴制暴。愤怒如果不能被释放出来，就会变成孩子体内的毒素，影响健康。也只有被父母接纳，孩子才不会隐瞒和否定自己的情绪，进而接纳真实的自己。

2. 引导孩子说出愤怒

在强烈的情绪中，孩子的大脑会停止思考，无法理清自己为什么愤怒，以及如何解决问题，最终被愤怒控制。

父母可以拉着孩子坐下，帮他梳理自己的情绪。如："是不是小朋友抢了你的玩具，你很生气？"如果不知道什么缘由，可以进行询问："今天学校发生了什么让你不开心的事？"或者猜测："你这么生气，让我猜猜是不是丢了东西？还是被同学误会了？"

父母的引导，一方面可以转移孩子的注意力到引发愤怒的事情上，另一方面可以让孩子去重新看待发生的事情，有时候换个角度，就觉得没那么生气了。

3. 告诉孩子你一直在关注他

孩子发脾气的时候，有的父母把孩子关到小黑屋，或者大门外，让孩子自行反省。这都是不妥当的，这不仅不能让孩子面对自己的情绪，还会让孩子极度没有安全感。

正确的做法是，告诉孩子你一直在他身边，陪着他。父母可以对他说："我知道你很生气。""你想让我帮忙做点儿什么吗？"或者在旁边静静地陪着他，帮他倒一杯水，也或者什么都不用做。不必对他发脾气的行为做回应，让他知道，你一直在关注他就够了。

等孩子冷静下来，再告诉他："每个人都会生气，你生气的时候，妈妈会一直陪着你。""下一次你好好说，妈妈就懂你的意思了。""你愿意告诉我生气的原因吗？这样也许我能帮到你。"

千万不要用不理睬的方式对待孩子，那样只会让他觉得自己是不被理解，不被爱的。久而久之，孩子就不会再对我们敞开心扉了。

需要注意的是，千万不要跟愤怒中的孩子讲道理，更不要斥责批评他。这只会让孩子觉得，你在意的是对错，并不是他，进而导致情感联结再次断裂。

6. 分享孩子的快乐，是给孩子最好的关注和爱

情绪剧场：

孩子："妈妈我考了全班第一！"

妈妈："考个全班第一，都能乐成这样？要是考个年级第一，你还不得上天啊！"

孩子："妈妈，我得了个活力奖。"

妈妈："你说老师为了给你发个奖状，费多大劲，才想出这么个理由，你还傻高兴！"

孩子："妈妈，这次拉丁舞比赛，我是冠军！耶！"

妈妈："就是个小比赛，选手没几个专业的，有什么值得骄傲的？"

情绪分析：

孩子高高兴兴回家，想要和父母分享自己的喜悦，结果得到的不是我为你高兴，而是兜头一盆冰水……

想想，如果我们买彩票中了 10 元钱，回家和爱人分享。爱人阴阳怪气地说："中了 10 块钱，都乐这样！要是中 1 万，还不得乐昏过去。再说，这有你买彩票花的钱多吗？"我们心里是什么滋味？

孩子也一样，当孩子兴高采烈地与父母分享，父母不是冷嘲热讽，就是否定打击，孩子幼小的心灵如何能承受得了？

父母为什么喜欢在孩子兴头上泼冷水，而不是给予肯定和赞

扬？不是因为恶意，而是怕孩子养成骄傲自大的不良情绪。这类父母希望孩子能够时刻保持清醒，认识到学习是永无止境的，必须不断努力，才能成为更好的自己，不被社会所淘汰。

还有父母给孩子泼冷水，是为了塑造孩子强大的内心。社会有多残酷，父母已经领略过。在家里有一点儿小成绩就被夸奖，到了社会上，谁夸你？于是，这类父母为了让孩子提前适应社会，就期望通过打击来锤炼孩子的内心，以避免孩子以后遇到一点儿打击就受不了。

从理论上看，适当的批评似乎真的可以避免孩子骄傲，也可以避免孩子太脆弱，但这两类父母都弄错了使用场景。在孩子迫不及待分享快乐的时候，泼冷水教育不会让孩子更谦虚，也不会让孩子更具抗挫力，反而会给孩子带来极坏的影响。

首先，会让孩子变得越来越自卑。

孩子在取得成功的时候，心情是兴奋、愉悦的，同时自信心也保持在峰值。但在他们最渴望父母肯定的时候，却得到的是否定，甚至嘲讽，会让孩子陷入自我否定、质疑中，直接影响孩子做事的信心。

有人坦言，自己小时候在家族聚会上唱歌，妈妈嘲笑她"唱得太难听了"，结果她从那以后再没有当众唱过歌。即便是长大以后，回想起这件事，她的内心依然会觉得很受伤。

在父母打击中长大的孩子很容易自卑，他们常常会陷入强烈的自我怀疑和自我否定的情绪中不可自拔。

来自父母的打击，所造成的伤害效果不只在当下。它会贯穿漫长的岁月，像一根针一样扎进孩子的心，不管任何时候，碰一下就会疼。

其次，会浇灭了孩子表现的勇气。

给孩子泼冷水的次数多了还会造成孩子"习得性无助"。所谓习得性无助是指，无论是动物或者人，在反复尝试一件事却无法获得成功时，形成了一种定式思维，即"我多努力都没有用"。进而永远放弃再尝试，哪怕后来场景有了变化，也不愿意再做出尝试。父母对孩子一次次的泼冷水教育，最终会让孩子患上习得性无助，失去尝试的勇气。

第三，会让孩子变得冷漠，不思进取。

著名演员周星驰曾说过这样一句话，"一个人如果受过太多的打击，精神就可能出现休克状态，不会再有任何反应了。"孩子也一样，受打击的次数多了，他就不愿意再去尝试了。他渐渐表现出冷漠，对什么无所谓，安于现状，不思进取。

孩子高兴的时候，分享他的开心，也是一种能力。这种能力会让孩子更愿意亲近你，愿意和你分享更多，亲子关系因此更加和谐。

给父母的情绪管理建议：

有父母会说，给孩子泼冷水，还不是为了孩子好？但孩子只能感受你表现出来的样子，用批评来表现爱，单纯的孩子根本无法理解。何况，打击就是打击，压根就不存在打击式教育。父母和孩子沟通还是少点儿套路，单纯一点儿，他高兴的时候，去鼓掌、喝彩，为他的开心而开心吧。

1. 表扬进步

孩子学习有了进步，真诚地表达内心的欣慰。"爸爸妈妈知道你最近一直很努力，我们为你感到骄傲！""上次考试，我记得你有好几个知识点出错了，这次全对！你的努力没有白费，真值得开心。"

孩子取得进步，不要打击，也不要只是笼统地表扬一句。要知道，孩子的每一点进步，都是努力的结果。作为父母，要善于发现孩子的变化，哪怕是很小的进步，也值得及时给予鼓励和表扬，以达到正强化的目的。

2. 正向转化孩子的热情

不少父母对孩子在学习之外取得的成绩，或者喜欢做的事，都不是很赞赏，认为那有什么用，又不能给中考高考加分。

父母看重孩子的学习成绩，本身没有错，但类似"看看你考的分数，你还好意思打游戏？"的话，会让孩子觉得自己因为成绩不够，就没有资格去做其他任何事。这种无资格感，会加重孩子的自卑。

父母可以把孩子对其他事物的热情，转化到学习上一部分。比如，家长可以说："妈妈知道你喜欢画画，如果你上课的时候不在课本上画，妈妈就给你报个专业的画画班。""适当玩游戏，能缓解压力，还益智，但妈妈希望你不要因此耽误学习。"

一份快乐，两个人分享就成了两份快乐；若无人分享，一份快乐就会变成半份，甚至连半份也会消失。分享孩子的快乐，就是给孩子最好的爱。

7. 接纳孩子的开心，也接纳孩子的不开心

情绪剧场：

在网上，有位妈妈发帖求助：我的女儿太娇气了，她向别人要东西，如果别人不给，她就会伤心地哭；还有拼图，要是没拼出来，她也会伤心地哭。

有人回复说：当你没有达成目标时，会不会很受挫？会不会感觉很难过？那么，为什么孩子没有这样的权利？当她的目标没有实现，她为什么不能伤心？为什么不能哭？

情绪分析：

孩子们无论是开心还是不开心，都是正常的情绪。想想我们自己，是不是也常常会生气，甚至连续几天都有点儿丧。那我们为什么要求孩子总是开心，而不能有负面情绪呢？

但生活中，家长看着孩子洋溢着笑容的小脸，就忍不住嘴角上扬。听到孩子哭闹，或者拉着脸生气，就烦躁不安，忍不住想发火。当父母不肯接纳孩子的负面情绪，结果会怎样？

加州大学神经学家西格尔博士，打了这样一个比方，大脑像一栋两层楼的房子。一楼负责本能类的功能，如呼吸、躲避、

生气等，也是弗洛伊德所说的本我，是完全潜意识的行为。二楼负责思考、道德等功能，也就是弗洛伊德说的超我，是所受教育和社会规则的内化体现。当负面情绪在一楼，意味着一楼出现了垃圾。而哭泣就是清扫垃圾的方法，如果暴力阻止，一楼的垃圾就会越积越多，直到堵塞。如此，孩子也无法去往二楼。

只有接纳和允许孩子表达负面情绪，孩子才能把一楼的垃圾清理出去，同时也有助于孩子学习表达，练习清理，然后一身轻松地去往二楼。

但是，现实生活中，为什么孩子的不良情绪，比如哭泣，不被父母接纳，甚至让父母反感，要竭力阻止？

第一，因为孩子的哭声会给父母带来特殊的刺激。

在孩子不具有语言表达能力的时候，只能通过哭来表达需求，比如，渴了、饿了、难受了。而父母并不知道孩子为何哭，只能靠猜测，然后尝试，可能好几次都没能满足孩子的需求，这让父母着急、烦躁。时间长了，孩子一哭，就会刺激父母的大脑，令其心跳加速、血压升高、感觉难受、烦躁。

第二，父母的同类情绪被引爆。

有心理专家表示，如果孩子哭，会让父母觉得心烦意乱，那往往是因为父母内心积压了太多负能量，却一直没有宣泄的机会。而当孩子的负面情绪触及父母内心的同类情绪，父母也会失控，大声喝止孩子停止哭泣。

第三，让父母产生挫败感。

德国教育专家麦克指出，我们不喜欢看到孩子难过哭泣，不仅是哭泣让我们觉得麻烦，而是因为孩子的哭泣让我们怀疑自己的价值。孩子一哭，父母的第一反应往往是孩子怎么了，然后是想办法止哭。但当父母使用各种招数，做了很多努力，也无法让孩子停止哭，挫败感就汹涌而来，认为"我已经尽力了""你到底要我怎么样？"很快，这些无助感、挫败感之类的感受又会变成烦躁和愤怒。

父母不愿意孩子难过，才会特别在意孩子的情绪，也才会想方设法去哄孩子开心。心理学家研究指出：哭闹是孩子表达情感的一种方式，也是孩子愈合感情创伤的必要过程。等孩子哭够了，他自会平静下来。

强行制止孩子的哭泣、难过会让孩子情绪低落，打不起精神，对什么都不满意，因为他的负面情绪和受到的创伤没有机会发泄和愈合。

给父母的情绪管理建议：

当孩子有了负面情绪，父母要做的不是堵，而是疏，只有及时引导情绪表达，孩子内心才会感到安全，在面对问题或困难时不再只有焦虑或沮丧。

1. 等一会儿再做回应

孩子哭的时候，有些父母会担忧：这么爱哭，若不及时阻止他，岂不是会变成一个"爱哭鬼"？其实，这些担忧都是多余的。

美国发展心理学家阿尔黛·索尔特博士说:"哭泣是对自我进行修复的天然的工具。"父母要做的就是不要打断他的哭泣,等一会儿再做回应。

2. 不否定孩子的负面情绪

不接纳孩子负面情绪的父母,常常会否定孩子的负面情绪。比如,"小乌龟死了,再买一只好了,怎么没完没了地哭?"否定孩子的情绪给孩子的暗示是:妈妈不喜欢我哭,哭是不好的行为,我不应该哭,否则妈妈就不爱我了。为了取悦父母,孩子就会把负面情绪压抑在内心。面对孩子的负面情绪,父母要报以肯定,让孩子感受到你的理解。

3. 帮孩子找到正确的宣泄渠道

一定要帮孩子把负面情绪宣泄出去,可以为孩子找一个专门的发泄工具,比如枕头。也可以让孩子通过绘画、涂鸦等可以表达自我的方式,把心中的不满都画出来。或者带孩子去爬山,在山顶尽情大喊。

孩子对自己情绪的认识和掌控是一个漫长的过程,每一次的情绪体验都是他成长的机会。父母不必因为孩子不开心,就认为自己遇到了大麻烦,甚至觉得自己很失败。父母对孩子的教育是一个循序渐进的过程,父母要做的就是接纳,然后慢慢教他学会表达和处理自己的情绪。

8. 有了二胎，理解"老大"的恐惧和失落

情绪剧场：

四岁多的英子，几乎每个星期都要去一趟医院。不是肚子痛，就是头痛、眼睛痛，五花八门的痛。但是检查结果显示，她的身体没有任何异常。

后来，在医生的提醒下，妈妈才发觉，英子的反常是从弟弟出生后开始的。而且，英子也变得比以前黏人、任性，有时候还打弟弟。

于是，医生推断，英子是二胎家庭的老大，她极有可能得了当下很常见的"二胎家庭长子（长女）适应障碍综合征"，建议妈妈带英子去做心理咨询。

情绪分析：

计划要二胎宝宝的家庭越来越多，很多父母反映，随着二宝的出生，大宝开始出现诸多不正常的表现。比如，敏感、脆弱、任性，或者行为退化、黏人、咬指甲、容易生病等需要父母关注的情况。这就是"二胎家庭长子（长女）适应障碍综合征"常见的症状。

大宝所有的情绪和行为异常，都只有一个目的，那就是把爸爸妈妈从弟弟妹妹那里抢回来。

当父母因为二宝的到来欣喜不已，迫不及待地把爱捧给这个小天使时，老大的感受是什么呢？他会觉得这个新来的小孩抢

走了原本属于自己的爸爸妈妈,爸爸妈妈不爱自己了,他内心失落、恐惧,茫然无措。

于是,他会想方设法把妈妈叫到自己身边,"妈妈,你过来一下。""爸爸,我想你陪我下楼去玩滑梯。""妈妈,你给我讲故事。""爸爸,你帮我叠纸飞机。"……如果这一招不能奏效,甚至招来爸爸妈妈的斥责,他就会表现出任性、哭闹等来对抗,让父母不胜其烦。

面对这个新来的威胁者,他感觉自己的领地被占领了,就会抑制不住地嫉妒,甚至恨意。所以,他会趁爸爸妈妈不在,悄悄欺负一下这个小孩,掐一下、推一下、打一下,以发泄自己内心的不满。

以至于有很多父母,在有了二胎之后,开始出现嫌弃老大的心理。因为和二宝相比,大宝越来越不听话。一位妈妈就说:"为什么生了二胎后,我都不知道自己为什么变得越来越讨厌老大了。经常因为他吃饭磨蹭、不肯自己穿衣服、把妹妹吵醒,忍不住揍他。"

个体心理学创始人阿德勒研究认为,孩子出生的不同顺序,会影响父母对孩子的态度,乃至塑造出孩子不同的性格。当家里只有一个宝宝时,父母会倾其所爱,把全家所有的爱和关注都给到他身上。而当二宝出生,父母的爱就会不自觉地转移到更小的孩子身上。

这是因为在二宝出生后,父母会自动把大宝升级为大孩子。

哪怕大宝才3岁，也会认为他已经大了，很多事应该自己独立解决了，却忽略了他也还是个孩子。其实不管孩子多大，他也需要爱，更重要的是，在孩子看来，原本围着他转的爸爸妈妈一下子"背叛"了他。

当然，父母也很无奈，一边是照顾二宝忙得晕头转向，一边是大宝各种哭闹，各种找事，忍不住朝大宝吼一顿，吼完又心痛，心里五味陈杂。有时候，父母也会觉得，"我都宠你好几年了，难道还不够吗？弟弟可是才出生。"父母认为给大宝的爱已经够多，但在大宝眼里，自己享受到的爱越多，现在内心的失落就越大。大宝在意的是父母对自己态度的变化，他担心的是父母不爱自己了。

给父母的情绪管理建议：

父母在确定要二胎时，一定要照顾大宝的情绪，绝不忽略他的感受。那么，如何降低大宝的危机感？

1. 让大宝感受胎儿的成长

怀孕期间，妈妈可以有意识地让大宝去感受胎儿的成长。让他摸一摸妈妈那逐渐隆起的肚子，感受一下胎动，告诉他："你小的时候，也是这样长大的，比他还顽皮，晚上都不睡觉，在那练拳脚。"让大宝感受生命成长的神奇，培养他对肚子里这个小生命的感情。同时也让他体会妈妈怀孕的辛苦和不容易，更有责任感。

2. 用礼物帮两个孩子建立联结

在二宝出生之前，准备两个礼物。一个礼物给大宝，告诉他:"恭喜你就要成为哥哥了。"然后,把另外一个礼物也递给他,对他说:"这个礼物是我们迎接弟弟或者妹妹的,你来负责送给他,可以吗?"如果可以去医院探视,就让大宝把礼物带到医院,送给自己的弟弟或者妹妹。

这个过程,可以让两个孩子的感情建立联结,让大宝感受到弟弟妹妹的到来是一件值得庆贺的事,他因此得到了一个难忘的礼物。

3. 永远不说"你是哥哥,要让着妹妹"

"你这么大了,不知道让着弟弟吗?""你是姐姐,要让着妹妹。""他不懂事,你也不懂事吗?"……这是俩孩子闹矛盾,大人最常见的处理原则。这会让大宝委屈,凭什么自己就要让着妹妹?

对父母来说,要做到公平虽然很难,但一定不要在冲突发生后,第一时间就指责大宝。尽量先弄清事情的来龙去脉,谁错罚谁。

4. 禁止别人开"你妈生了弟弟,就不要你了"的玩笑

有人回忆说,他小时候,有一个邻居大叔总爱来串门,爱逗自己。有一次,他指着怀孕的妈妈说:"你看,你弟弟就要出生了。你妈生了小弟弟,就不要你了。"他生气地扑过去,撕扯他的衣服,但他的反应越激烈,这个大叔越开心。他还记得,当时爸爸妈妈就在旁边,也乐得哈哈大笑。很多年过去了,他依然记得自己当初的害怕。

这种玩笑在大人看来就是一句话，小孩子却会当真，所以严禁别人和孩子开类似的玩笑。

总之，爸爸妈妈要时刻记得，如果你们准备要或者已经有了二宝，一定要提醒自己，不要减少对大宝的关注和爱。只有享受到足够爱的大宝才能有安全感，才不会害怕爸爸妈妈的爱被弟弟妹妹夺走。

第二章

不吼不叫养出情绪稳定的孩子

1. 孩子的好性格，来自父母的好脾气

情绪剧场：

月月正在看动画片《熊出没》，突然停电，月月咧嘴大哭。无论妈妈怎么解释，月月就是不听，就是要看，还在地上打起滚来。

妈妈忍无可忍，指着电视的信号灯处吼道："你没看到这里都不亮了吗？不许哭！再哭，等来电也不让你看了。"

月月哭得更大声了。

妈妈气得顺手抓起旁边的水杯，摔到地上，月月吓得不敢哭了。

情绪解析：

面对孩子的淘气、犯错、叛逆，父母马上大发雷霆甚至动手？除了让孩子从自己身上学会发火、实施暴力外，没有任何益处。

坏脾气的父母永远也养不出好性格的孩子。因为一个每天都要忍受父母坏脾气的小孩，就像垃圾桶，里面装满了父母的负面情绪。等达到一定程度，内心压抑的情绪就会全面爆发。也有的孩子干脆成了表里不一的人，表面上因为畏惧而顺从，实际上内心非常逆反。

从心理学来讲，父母常对孩子发脾气，会使孩子变得胆小、自卑，不敢表达自己的主张，长大后也没主见。更多的孩子会把这种模式复制到跟其他人的相处中，常常使用吼叫的方式沟通。有调查显示，生活在充满怒气和暴力的家庭中，孩子多会跟着模仿，变成暴戾的人。

一个温文儒雅的孩子背后，一定有脾气温和、情绪稳定的父母。

胡适的好脾气是公认的，这来自于母亲的影响。胡适的母亲嫁给父亲的时候，还不到20岁，而父亲已经快50岁了，大儿子、大女儿都比她大。胡适4岁的时候，父亲去世，母亲23岁。既是后妈，又是寡妇，经常受胡适哥哥、嫂嫂们的气，日子难过。好在她气量大、脾气好，都能坦然面对。胡适在《我的母亲》中写道："我母亲待人最仁慈，最温和，从来没有一句伤人感情的话。"

胡适在书中《四十自述》写道："如果我学得了一丝一毫的好脾气，如果我学得了一点点待人接物的和气。如果我能宽恕别人体谅别人，我都得感谢我的慈母。"

心理学上有一个词语叫"仿同"，意思是说孩子会把妈妈的个性、脾气不自觉地吸纳为己有，并表现出来。这就是为什么出生在温暖和谐的家庭中的孩子，会养成善解人意、积极乐观的性格。

给父母的情绪管理建议：

发脾气是教育的最大死敌，想要教出有教养、好性格的孩子，就要教孩子学会控制自己。

1. 教孩子忍耐

想对孩子发火时，为了避免冲动，学会忍耐很重要。忍耐的方法也很多，找到适合自己的最重要。常见的有：

数数：被很多人认为是个幼稚的办法，但是它却是最管用的。一二，你要发怒，三四五六，你还想发怒，慢慢数，数到60位之后，一般人有火也发不起来了。

转移注意力：可以通过注意力的转移，来平复自己的情绪。比如，看到孩子哭的时候，父母可以想一下自己什么事情还没有做。父母要学着去关注更重要的事情，会消解掉一部分对孩子的怒气。

离开事发地：想发火时，最好赶紧离开事发地。出去待一会儿，楼下转一圈，或者厕所蹲一会儿，都能帮助自己平静下来。

2. 教孩子说出愤怒的感受

说出自己愤怒的感受，不是发泄情绪，而仅仅是描述自己的感觉。比如，"我说不许在墙上乱画，你听不懂吗？"是吼叫。"你在墙上画画，一擦就会把墙壁弄得黑乎乎的，看起来很脏，我很生气。"这是表达感受。

二者的不同在于，前者会让孩子因为做错事而害怕，认为墙壁比自己还重要。后者则会让孩子认识到自己错了，不应该在墙上画画。

有时候，不必压抑自己的怒气，父母也可以坦率承认"我也是有脾气的，我有权愤怒和生气，并不必为此感到愧疚。"重要的是，父母要说出愤怒的感受，而不是借愤怒去伤害孩子。

在这个过程中，你会发现怒火已经被转化为需求，或者与需求相关的情感。这样就不会让孩子因为指责而觉得自尊受损。

3. 试试写便条

有父母被孩子气得血压飙升，七窍生烟，明知火山一旦喷发，势必两败俱伤，那就转变沟通方式，试试写便条。

比如，父母一回家，看到孩子没写作业却在津津有味地看电视，他气不打一处来。吼一顿，或许能让孩子离开电视，但很难让他投入地写作业。不如给孩子写个便条，"请坐在电视机前的宝贝想想：我的作业写完了吗？"

比如，孩子把玩具扔得到处都是，也不收拾，可以写便条："亲爱的宝贝，玩具们想回家睡觉了，你愿意送它们回去吗？"

再比如，晚饭前送给孩子一张卡片，上面写着："宝贝，今晚8点讲故事，欢迎洗漱完毕，穿着睡衣的小孩参加！"

事实上，不管孩子是否认字，都喜欢收到便条，如果父母有心，加点儿装饰的话，那就像送给孩子的带着神秘感的礼物。他们会猜测：妈妈/爸爸在上面写了什么呢？而对父母来说，写便条比大喊大叫省力多了。

父母对待孩子的方式，就是孩子将来对待世界的方式。父母对孩子温柔以待，孩子才能温柔待世界，也才能被世界温柔相待。

父母的情绪里，藏着孩子的未来。只有父母情绪稳定，孩子才能未来可期。

2. 写作业时母慈子孝，孩子才能写得又快又好

情绪剧场：

"二加五等于几？不是刚算过吗？"妈妈忍不住提高了声调。

小晨吞吞吐吐地说："六。"

妈妈把笔狠狠地扔在桌子上："等于七，说了几遍了还记不住！你到底有没有脑子？"

小晨忍不住哭了，把笔一扔，说什么也不肯再写了。

情绪分析：

孩子写作业时总是状况百出，要么磨磨蹭蹭不肯开始，要么对着作业本干瞪眼，不会做……父母催促监督、讲解题目，没过几分钟，就有可能控制不住自己的情绪，朝孩子大发脾气。

为什么父母总爱在辅导作业时发脾气呢？有些父母忙碌一天，本就积累了大量的负面情绪，还要回家花费时间、精力，兢兢业业地辅导孩子。一旦孩子达不到父母的预期，父母就觉得自己的付出被辜负了，开始情绪崩溃。有些父母则是不懂得换位思考，要知道孩子的思维方式与理解能力，与成年人有很大的不同。如果父母不能用孩子理解的方法来讲解，就会出现孩子屡教不会的现象，进而引爆父母的情绪。

弗洛伊德认为："创伤经历，尤其是童年时期受过的创伤，会影响人的一生。"父母发脾气虽然是对现状无奈，替孩子着急，但给孩子造成的伤害却是不可估量的。

第一，孩子会"变傻"。面对父母的怒火，孩子可能选择逃避，反正怎么努力都被说，那就不努力了，孩子自己抗拒吸收知识，辅导自然不会有什么效果。而有些孩子则是因为面对父母的怒火，感到恐惧、紧张，大脑供血不足导致了思维迟钝，没有余力去思考、学会。

第二，孩子容易自暴自弃。父母问："这么简单的问题，你怎么就不会做？"会让孩子觉得这道难题，其实是简单的，自己不会是说不过去的。但孩子不会就是不会，这样的认知反而会让他倍感挫败。长期处于这种环境，孩子就容易形成"习得性无助"的心理，也就是对学习这件事失去信心，默认自己"不行"，一看到学习就想要逃避、退缩。

其实，很多父母都搞错了自己的定位，父母只是孩子学习的辅助者，如按时写完作业、思考难题这些还得孩子自己来。父母一直盯着孩子思考、落笔的每一个动作，发现不对就着急上火，情绪激动。父母与其像一个监督罪犯的警察一样，不如将主动权交给孩子，让孩子自己解决学习问题。父母大可以去做家务、刷视频，做自己的事情。当孩子来求助时，父母再点拨几句即可。这样父母轻松，孩子也能放松情绪，更有利于他独立思考，全神贯注地完成作业。

给父母的情绪管理建议：

虽然父母可以努力调整自己的心态，但在辅导孩子他不理解的题目时，父母还是有可能被气到。那么，在这种情况下，父母可以做些什么呢？

1. 对自己"喊停"

心理学家纳博·杰森博士认为，当人们处于情绪崩溃的边缘时，有6秒的时间可以抢救。当父母情绪失控，理性脑停止运行时，可能会对孩子说出非常过分的话。纳博·杰森博士认为，平均只要等待6秒，理性脑就可以重新运作。

所以，当父母觉得自己快要生气的时候，可以先暂停6秒，不说话，也不做任何举动。父母在心中数过6秒，如果觉得还没有冷静下来，可以适当地多数几轮。

在此期间，父母可以利用深呼吸来舒缓情绪，也可以短暂地离开孩子，给自己和孩子倒一杯水，给双方足够的时间、空间平静下来。

2. 允许孩子做不到

孩子做不到、学不会是一件很正常的事情，年幼的孩子很少能做到一点即通。父母不妨重新评估孩子的学习、消化能力，降低对孩子的预期，允许他犯错。

当父母觉得孩子太笨了的时候，父母可以告诉自己"这对他来说一点儿也不简单。"父母理解孩子，接受孩子没有那么聪明，心态就能平和很多。

3.让学习变得快乐

父母可以鼓励孩子自己从作业中找错误并改正,或者给父母讲题。当孩子可以从学习中体验成就感时,就会更加热衷于开动脑筋,渐渐养成独立完成作业的好习惯。

3. 降低批评时的声调,更容易让孩子认识到错误

情绪剧场:

思睿撕了好几本绘本,妈妈发现后怒不可遏:"你在干吗!"

思睿小声解释:"我在做拼图。"

好好的书就这样毁了,妈妈越想越生气,大声骂道:"你不知道这些绘本多贵?你随便就撕……"

情绪分析:

当孩子犯错时,很多父母都会采取大声训斥、命令的方式来教育孩子。但这种行为不仅没有教育效果,还会对孩子造成很大的伤害。

首先,从心理学角度来讲,"吼"是一种暴力语言,会让孩子缺乏安全感,进而变得胆怯、自卑,不敢表达自己的想法。这样的孩子长大后,就有可能变得缺乏主见。长期被吼叫着长大的孩子会认为,吼叫就是常规的沟通方式,在与他人交往时便会毫不顾忌地吼叫。

其次,吼叫可能毁掉孩子的大脑。儿科专家指出,当孩子听

到吼叫和责骂时，大脑就会做出"战斗""逃跑"的反应，进而心跳加速、瞳孔放大、手心出汗、膀胱失禁……长期处于这种紧张的状态，会对孩子的大脑造成损伤。

最后，吼叫会使亲子关系疏远。网上曾有这样一个提问："你为什么不喜欢回爸妈家？"有人回答："我都20多岁了，我妈跟我讲话还是靠吼，声音特别大。比如，起床起晚了、倒水时水洒了……一点儿小事她就来吼我，每次听到我妈的声音，我就害怕得想逃跑。现在工作了，就特别不想回家。"总被父母大声呵斥的孩子，难以感受到父母的温柔与爱护，他们在面对父母时，会感到紧张和焦虑，情不自禁地想要逃离父母。

孩子犯错时，父母不妨用"低声教育"来代替吼叫教育。所谓"低声教育"就是要求父母在与孩子沟通时，降低音量，语调平缓，保持理智。

心理学家发现，在批评孩子时，"低声教育"更容易被接受。因为父母的声音平缓，可以有效降低孩子的恐惧与抗拒情绪，使之卸下心防。如此，孩子就能集中更多的注意力，相对平静地倾听父母的说话内容，而不是想着如何应对父母的怒火。

此外，"低声教育"也可以让父母冷静下来。父母在用低声调和孩子交谈时，可以相对冷静地思考，避免谈话时情绪上头，火药味越来越浓。

这里需要注意的是，那种压低声音对孩子说："看我回家怎么收拾你。"并不是低声教育，放低声音的威胁依旧是威胁。低声教育要求父母降低音调、音量的同时，对孩子进行冷静、客观的表达，让孩子受到感染，也能开始理性思考。

在低声教育中长大的孩子，大多温和自信、遇事从容冷静，有很高的共情能力，懂得尊重他人。

给父母的情绪管理建议：

那么，除了降低声音、放低音调、保持冷静之外，在实行低声教育时，父母还需要注意什么？

1. 冷静地说出愤怒

低声教育要求父母保持冷静，但并不主张压抑愤怒。在父母被气得想骂人、打人时，只要不是借愤怒去伤害孩子，那么父母完全可以对孩子说出自己的愤怒。

比如，父母看到孩子乱丢玩具，可以对孩子说："你把玩具丢得到处都是，我收拾起来要很久，我很累了，看到家里这样乱，我特别生气。我希望你能和我一起把玩具整理好。"

父母冷静地表达自己的感受，并和孩子解释清楚原因，最后再说出需求。在这个过程中，父母的情绪会渐渐缓解，孩子也能意识到自己的错误，并且不会觉得父母的指责，损害了自己的尊严。

2. 营造平和的交谈氛围

在和孩子交谈时，相比于说话的内容，父母的语气，以及面部表情会传达给孩子更多的信息。所以，父母不妨在交谈前调整好自己的情绪，尽量微笑、放松，言辞委婉，营造和平的交谈氛围。当孩子感受到了父母释放的善意,也会更愿意听从父母的劝告。

孩子犯错,父母不妨放低声音,慢慢教他是非对错,让他有尊严地、坦然地认识,并改正错误。

4. 对孩子非原则性的错误,假装"看不见"

情绪剧场:

浩浩拿着冰激凌,边走边吃。不小心把一块冰激凌掉到了衣服上,浩浩担心爸爸骂自己。

谁知,爸爸见状只是赶紧拿出纸巾,说:"没事,擦擦就行了。"

情绪分析:

孩子几乎每天都在犯错,他们把房间弄乱,把垃圾乱丢,把书撕烂,把小朋友推倒,把杯子打碎……每一分钟,每一个举动都能让父母暴跳如雷,怒吼咆哮。但这些错误也正是孩子探索世界、积累经验的好机会。如果一点儿小错,就换来父母的一顿指责甚至胖揍,孩子就会越来越担心,每天战战兢兢,变得过于胆小和谨慎。

所以,在面对非原则性错误时,父母不妨假装"看不见",让孩子在错误中获得成长。

在某档电视节目中,有位嘉宾分享了自己养狗的经历。这位嘉宾养了一只狗，为了训练狗狗上厕所，呵斥了很多次，打了很多次，狗狗还是随地大小便，无奈只好把狗狗送朋友。但仅仅过了一周，狗狗就在朋友那里学会了上厕所。

这位嘉宾问朋友是怎么做到的，朋友回答："这很简单，经常带狗狗去卫生间，做不到没关系，只要狗狗有一次做对了，就夸它，给它奖励。用不了几天，狗狗就学会了。"

著名心理学专家李玫瑾教授听完这个故事后，指出教育孩子也是相似的道理。如果孩子犯错，父母就大声指责，年幼的孩子不仅可能听不懂大道理，还有可能对孩子造成负强化。孩子的认知水平尚不完善，父母的吼叫会加深孩子对自己的行为印象，进而不断重复犯错。相反，如果孩子表现得很好，父母及时肯定、夸奖孩子，就是在对孩子进行正强化。孩子受到积极情绪影响，下次再有类似的机会，他会争取表现得更好。

李玫瑾教授认为，孩子犯错后，父母最好假装"看不见"，不给孩子的错误行为施加强化作用。这样，下次遇到同样情况，孩子就有可能做出正确的行为。

父母或许会问，如果视而不见，不让孩子认识到错误的严重性，又如何能改正呢？其实，父母一看到孩子犯错，就进行批评、惩罚。长此以往，孩子就会对犯错形成条件反射，当他意识到自己犯错了之后，内心就充满了恐惧和无助。孩子知道父母不会容忍自己犯错，就有可能撒谎隐瞒，逃避被惩罚。

《正面管教》一书中提到"成年人往往也会和孩子一样，缺乏知识、意识与技能。如果父母将孩子犯错看成是'因负面情绪而产生的行为''缺乏技能的行动'等，就可以重新定义犯错了。"

其实，孩子犯错大多不是故意的，只是因为缺乏知识、技能和正确认知，做出了父母难以接受的事情。父母觉得孩子犯错了，但孩子其实并没有犯错，他只是做出了与年龄相称的行为。比如，孩子总喜欢把玩具四处乱放，这是因为孩子眼中的秩序，并不是整齐干净，他有自己的标准。再比如，孩子和小伙伴打架，这是因为他还不具备控制行为与情绪的能力。

所以，对待孩子的小错误，父母不妨当作"没看见"，保持冷静客观的态度，让孩子也能坦然地接受自己的错误。

给父母的情绪管理建议：

如果孩子犯的是原则性错误，父母就必须要重视起来。但如果孩子只是给父母造成了些麻烦，父母不妨引导他客观地看待犯错，并学习如何改正错误。

1. 教孩子说"对不起"

当孩子的行为给其他人造成麻烦时，父母需要立刻带上孩子去道歉。如果孩子是给父母造成了麻烦，父母也可以要求孩子对自己说一声"对不起"。在道歉的过程中，父母可以客观地向孩子解释清楚，他做的事情对其他人造成了什么影响，让孩子引以为戒。

父母带着孩子一起道歉，可以给孩子做一个很好的示范，让孩子明白"犯错就要道歉"的道理。

2. 教孩子如何弥补

孩子道歉后，父母可以教孩子如何弥补错误。父母可以根据事情的棘手程度，为孩子提供一两个解决方案，或者要求孩子自己想办法。这样做，可以让孩子体会到犯错的后果。

另外，父母还可以在补救期间教导孩子吸取教训、总结经验，规避下一次犯下同样的错误。

司马光有言"不痴不聋，不为家翁。"父母假装看不见孩子的小错误，给他自我纠正的机会，孩子才能真正的成长。

5. 最气孩子顶嘴？柔软才是最好的还击武器

情绪剧场：

妈妈："今天自习课上，你说话了吗？"

小牛："老师就会向你告状，那么多人说话，怎么就点名批评我一个？"

妈妈："你上课说话就不对，老师批评错了吗？"

小牛："老师偏心！你啥都不知道，就知道批评我。"

妈妈："犯了错，还这么嘴硬？"

……

情绪分析：

最令父母讨厌的行为要数孩子顶嘴，你说一句，他说三句，甚至还振振有词，说得你哑口无言。此时，父母通常会恼羞成怒，企图用武力制服孩子。

父母内在的负面情绪被点燃，多半是感觉到自己的尊严被挑战，被一个小孩子怼到无话可说，颜面何存？但这种以暴制暴的结果，通常是两败俱伤。

其实，孩子之所以顶嘴，并不是故意要和父母过不去。孩子顶嘴背后，还有很多原因。

第一，自我意识发展。在2到4岁叛逆期时，孩子就会用"不""才不是"来表达刚刚形成的主观意识。这种顶嘴十分普遍，但只是孩子的本能。随着孩子长大，接触到东西越来越多，学到的知识也越来越多，对自己和其他人和事，都有可能与父母的看法不同。孩子觉得自己已经是一个大人了，不希望父母管束自己，对自己说些老掉牙的论调，便处处和父母顶嘴。

第二，维护自己的尊严。孩子在受到批评时，会感觉自己受到了攻击，自尊心受到伤害。所以，即使孩子知道批评没有错，为了维护自己的尊严，他们还是会和父母顶嘴。

第三，吸引父母的注意力。当父母没有把注意力放在自己身上时，有些孩子就会和父母顶嘴。比如，父母在忙的时候，孩子来找你，父母如果让孩子等一会儿，或者让他自己去玩。孩子就会觉得你不重视他，故意敷衍他，变得非常不高兴，并用顶嘴来表达抗议。

第四，试探父母的态度。当父母要孩子做什么事情的时候，有的孩子就会嘴上应和，但却不行动。等父母再来说他，孩子就会跟父母顶嘴，大发脾气。这其实是在试探父母的态度，他会留心父母被顶撞、拒绝后的反应，以期不断提高父母的忍耐程度。

不管是哪一种顶嘴，只要父母忍不住火冒三丈，对着孩子打骂、批评、讲道理，都只会加剧矛盾，将战火升级。也有父母选择冷漠无视，或者妥协，但也只会把矛盾积压下来，或者助长孩子变本加厉。

孩子顶嘴的时候，内心里是充斥着负面情绪的，如果父母能采用温柔的方式，帮孩子疏导出来，就能让孩子恢复冷静理智，不再置气顶嘴。

给父母的情绪管理建议：

孩子不会无缘无故地顶嘴，父母不妨找出理由，与孩子一起探讨解决问题的方法，变对抗为合作。

1.适当听取孩子的意见

当父母与孩子的意见出现分歧时，父母可以试着听取孩子的意见，支持孩子将想法付诸实践。父母可以告诉孩子："每个人的想法和思维方式都不同，这一次我们可以先试一试你的主意。"

父母可以给予孩子一定的帮助，完善孩子的计划，用行动告诉孩子，没有谁的想法会是一直正确的，听取他人的意见，以及适时变通也很重要。

2.与孩子辩论

父母可以将顶嘴变为一场辩论赛，让孩子冷静思考，有条有理地说出自己的想法，尝试说服父母。父母可以在孩子顶嘴耍赖时说："驳回，这个理由……不能说服我。"父母要引导孩子说出足以驳倒爸爸妈妈的理由，而不是简单的一句"我不""我想"。

父母还可以引导孩子进行换位思考，使他更理解爸爸妈妈。这样，一场矛盾就变成了有趣的学习。

6. 和孩子有商有量，被尊重的孩子才懂得尊重别人

情绪剧场：

妈妈对晓雯说："明天开始去上大提琴课！"

晓雯："我不想学大提琴。"

妈妈："钱都交完了，你听我的，去上就行了。"

情绪分析：

很多父母都喜欢搞"一言堂"，根本不考虑孩子的感受与想法，因为他们觉得和孩子商量，不仅麻烦、浪费时间，还做不出好的选择。因此，他们干脆不听孩子的意见。

对于父母的独断专行，即便是很小的孩子，也会觉得不爽。孩子不仅会生出逆反心，和父母对着干，还会因为自己不被尊重，而不懂得尊重父母和别人。

著名教育家卡尔·威特说过"尊重是相互的，父母想要得到孩子的尊重，首先就要学会尊重孩子。"如果在做决定之前，征求一下孩子的意见，让孩子参与进来，会让孩子感到自己是被重

视的和被尊重的,也为自己的能力被认可而自豪,在家中的存在感被大大提升。

当然,商量过程不会一帆风顺,分歧和矛盾总是存在。但贵在父母愿意开诚布公,允许孩子持有不同意见,并愿意把双方不同的意见拿出来讨论,这不仅能加深父母对孩子的了解,也能在讨论中找到最好的最优方案。

而且,相比于强硬的命令,用商量的语气和孩子说话,孩子会更愿意接受。比如,相比于"赶紧写作业,写不完就不用睡觉了。"父母说:"先把作业写完,然后我们就去睡觉,好不好?"就能有效降低孩子的抵触情绪。

遇事总会和孩子商量,不将自己的想法强加给孩子,长期处于这种环境的孩子,会变得情绪平稳、思虑周全、性格豁达开朗。

当然,父母尊重孩子也要把握好尺度,不能总是听从孩子的意见,否则这就成了溺爱,容易让孩子变得骄纵任性、无所顾忌。

给父母的情绪管理建议:

不管是多大的孩了,都有独立自主的渴望。如果父母把什么都替孩子决定好了,孩子就失去了成长的空间。那么,父母在与孩子商量时,需要注意些什么呢?

1. 以引导为主

苏格拉底倡导的沟通方式就是"少说话多微笑,只提问不回答。"父母克制住表达欲，与孩子商量时多倾听，如果孩子说不清楚，父母可以以提问的方式引导他，让他自己思考，自己做决定。

另外，父母尽量避免去主导孩子做决定，不顾孩子的意愿，强行让孩子同意自己的观点。

2. 商量要适度

父母和孩子商量要适度，不能什么事情都与孩子商量。孩子有很多想法都不够成熟，且很容易变得固执，如果父母事事都听取孩子的意见，那父母很可能难以收场。所以，父母在与孩子商量前，可以先想一想孩子是否需要知道这件事，孩子是否可以做出客观、理性的判断。如果答案是否定的，那父母就要思考到底要不要和孩子商量，以及如何与孩子商量。

3. 给孩子几个选项

如果孩子没有什么想法，父母可以给他几个选项。父母可以说："你觉得是……比较好？还是……比较好？"父母可以把每个选项都给孩子分析利弊，让孩子清楚地了解每一个选择会带来什么样的好处，又有可能出现哪些问题。然后，父母就可以让孩子自己做出选择。久而久之，孩子就可以比较理性地思考问题，也更愿意听取父母的意见。

4. 延迟回复

父母在听孩子的意见时，最好不要立即回复。当孩子的意见令父母为难时，父母可以在冷静思考后，再决定要不要同意。父母过快回复，不利于孩子养成慎重、周全思考的习惯。父母一定要坚守自己的底线，当孩子的意见不合理时，父母要明确地拒绝孩子，并说清理由。这样可以让孩子在下次发表意见时，更加慎重。

尊重是相互的，父母尊重孩子，与孩子商量事情，听取他的意见，孩子才能体会到尊重的美好，学会尊重。

7. 比吼叫管用百倍的是，提前立规矩

情绪剧场：

小萱看了半个小时的动画片，还想再看一会儿。

妈妈坚决不同意，小萱大声哭叫。

妈妈忍无可忍，朝着小萱怒吼："你已经看了半个小时了，再看眼睛就瞎了。"

情绪分析：

孩子怎么提醒都不听，于是很多父母就练就了"大嗓门"，但怒吼只能吓住孩子一时，却难以让孩子保持长期的自觉。这并不是孩子记吃不记打，而是孩子的情绪自控力尚未完全建立，面对拒绝，第一反应就是哭闹。

防止孩子哭闹的最好方式是提前立规矩，让孩子对自己要做的事，有一个预知。这个预知就像是一个栅栏，你提前告诉他栅栏在这儿。当他走到跟前，就会自觉停止，就算想去栅栏外面，

也要先去寻找出去的门。但如果你不告诉他有栅栏，他难免会因为急于想出去而横冲直撞。

立规矩是为了让孩子懂得什么事不能做，在孩子内心建立一条界线。有了这条界线，孩子在家才能守"家规"，到了学校才能守"校规"，到了社会上才不会触犯"法律"。

父母提前把孩子的规矩立好，让孩子养成良好的行为习惯，自然就不需要歇斯底里地去纠正孩子的行为了。

给父母的情绪管理建议：

那么，父母在给孩子立规矩时，具体要怎么做？

1. 询问孩子的意见

父母在立规矩前，可以和孩子解释规矩是怎样的，需要孩子做些什么，询问他的意见，争取商量出一个双方都满意的实行方案。如此，孩子就会有参与感，也更愿意遵守规则。

另外，父母可以避免跟孩子说："不可以玩泥巴，因为爸爸妈妈洗衣服会很累。""不要跑太快，我担心你摔倒会痛。"这种规则只是出于方便父母管理孩子，父母这样说，很容易让孩子产生错误的认知。

2. 提出明确的要求

很多父母都会随意地立规矩，告诉孩子不可以做这个，一定要做那个。过于冗杂的规矩会让孩子感到混乱，难以遵守。因此，父母定下的规矩可以简单、明确一些，以便孩子理解、记忆。比如"洗完手才能吃饭。""可以和妈妈一起看十分钟动画片。""不能……""不可以……"这样的表达最好不要用。另外，父母还可以把这些规矩写在或者画在纸上，贴在醒目的位置，时刻提醒孩子。

3. 让孩子承担后果

当孩子不遵守规矩后，父母可以尝试让孩子自己来承担后果。比如，孩子作业拖到睡觉时间还没有写完，父母就可以要求孩子立刻去洗漱、上床，至于没有写完作业，要如何跟老师交代，就是他需要承担的后果。

父母可以根据具体情况，决定是否使用这个方法。当后果是孩子无法承担的，或者会对孩子造成伤害时，就不适合让孩子承担后果了。

心理学研究发现，想要初步养成一个习惯，所需的时间是3周，而让这个习惯固定下来，则需3个月的时间。孩子教了几次都不遵守规矩是正常的，父母只需耐心引导即可。

4. 父母和孩子一起遵守规则

很多父母要求孩子不可以做某件事，自己却没有起好带头作用。甚至为了让孩子继续遵守规矩，去为自己的行为找借口、欺骗孩子。这时候，在孩子眼里父母和规矩就都失去了威严。

父母可以通过欺骗孩子去打破规矩，但被孩子发现之后，不仅会失去孩子对父母的尊重，也会向孩子传达这样一个信息：只要找到借口，规矩是可以打破的。我也可以欺骗爸爸妈妈，就像他们骗我一样，这是一个大家都会做的行为。所以，父母一定要把自己和孩子放在同等地位上,不可以凌驾于大家共同制定的规矩之上。

父母在立规矩时宽严有度,灵活而不失原则,保持耐心。久而久之,孩子就能自觉遵守规则。

8. 自己情绪不好的时候,总看孩子不顺眼怎么办?

情绪剧场:

妈妈工作不顺心,回到家看到陶原正坐在沙发上,一边看电视和一边吃薯片。

她怒气冲冲地走过去,说:"谁让你在沙发上吃薯片的?沙发都脏了!"

陶原拿着薯片走开。

妈妈说:"一天到晚就知道吃零食,等会还吃饭吗?"

陶原把薯片放下。

妈妈走过来,盯着她的衣服,说:"瞧瞧你的衣服,才穿一天,脏成啥样了。"

情绪分析:

当父母情绪不好的时候,就会对孩子横挑鼻子竖挑眼,看哪里都不顺眼。

表面上对孩子的不满,其实是父母对自己的不满。心理学中,有一个名词叫作"心理投射",即一个人内心的真实想法,会通过意识与行为反映到外界。打个比方，当父母看到孩子背对着你，坐在地上，父母觉得他在做什么？有的父母会觉得孩子在玩耍，有的父母觉得孩子在哭泣，有的父母觉得孩子在学习……对于同一件事，每个人的看法与反应都不同，这也代表着人们此刻最真实的想法。

总看孩子不顺眼，本质上是因为父母对自己不满。因为不满意自己的现状，看什么都觉得不顺眼。而容易犯错的孩子，自然首当其冲。

另外，父母对孩子不满，也和父母对孩子的高期望有关。互联网上处处都是"别人家的孩子"的优秀成绩，这样的消息看得多了，父母自然会对自己的孩子产生一定的期待，但如果自己的孩子无法满足这种期待，父母就会感到挫败、焦虑。久而久之，在这些负面情绪的影响下，父母看孩子就容易各种不顺眼。

另外，如果父母身体疲惫，对自身情绪的掌控将大大下降。加上很多父母并不觉得需要在孩子面前控制、压抑情绪，于是常常因为一点儿小事，就对孩子大发雷霆。

面对父母喜怒无常的行为，孩子很难不受影响。如果孩子总被父母挑刺，就会觉得自己很差劲，并缺乏安全感，变得敏感且自卑。同时，长期待在高压环境中，孩子要么变得怯懦，要么变得暴力，与父母矛盾深化。有些孩子在学校已经受过老师的批评，回到家里还要面对父母的指责、打骂。孩子常常为一个错误受两次惩罚，为了逃避惩罚，他很可能撒谎、逃学。

父母将负面情绪带到与和孩子相处中,并把一切说成是孩子的错,自己则是为了教育孩子,不得不这么做。但挑毛病和指责,不可能让孩子变得更好。相反,父母的肯定才能激励孩子变得更好。父母不妨停止对孩子的指责,心平气和地对待孩子。

给父母的情绪管理建议:

无论哪一方的过失,作为成年人,父母都有责任先调整情绪,解决问题。那么,父母具体可以怎么做呢?

1. 先观察自己

当看孩子不顺眼时,父母可以先观察自己是否已经愤怒、不耐烦了。如果发现自己事先憋气,而孩子此时又恰好犯了一些无伤大雅的小错,父母可以尝试向孩子寻求帮助。

2. 稳定自己的情绪

当孩子惹你生气时,父母可以尝试稳定自己的情绪。父母可以向自己提问"为什么我觉得很生气?""我批评责骂孩子,可以解决问题吗?""面对这种情况,我应该采取什么措施,才是最好的?"对自己提问,可以让因情绪而停止运转的大脑,重新理智思考起来,防止情绪进一步失控。

父母还可以先远离孩子,找个地方独处,发泄或者调整自己的情绪。等情绪平缓下来,父母就可以回到孩子身边,重新思考孩子的行为,到底有没有必要严格地纠正。

每个人都有情绪不好的时候,父母不妨先处理好自己的情绪。心平气和后,父母或许就会发现,孩子即使是犯错也很可爱。

第三章
非暴力沟通法化解孩子的情绪

1. 施暴的父母永远得不到友善的回应

情绪剧场：

逛街时，小羽看中了一个发卡，要求妈妈买给自己。

妈妈说："就知道臭美，家里那么多发卡还要买！"

小羽看着发卡不肯走，妈妈怒火中烧，抓着小羽就朝屁股打了几下："还耍脾气，我就不买给你，赶紧走。"

小羽号啕大哭。

情绪分析：

孩子在出生的前几年，如果父母不能给孩子充满爱意的照顾，反而施加暴力，那就不可能再得到孩子友善的回应。

任何人在受到暴力对待后都会想要反抗，即使那个施加暴力的人是父母。父母或许会说，我从来不打孩子。不是肢体暴力才叫作暴力，语言暴力也是暴力。语言暴力有以下几种常见的表现：

1. 情绪化沟通

父母情绪激动时与孩子沟通，孩子感受到父母的情绪，就会加重心理压力。比如，孩子考砸了，父母沉着脸地说："你过来，我们说说你的考试成绩。"即使父母没有大吼大叫,孩子也一定知道自己讨不了好,他会忐忑不安、紧张戒备。再比如,父母回家后发现孩子把家弄得一团乱,然后火冒三丈地怒骂,一旦孩子回应,还可能被继续批评。

2. 含有负面评价

父母在和孩子对话时,常常会对孩子做出负面评价,使孩子心生抵触。比如,孩子作业拖到半夜还没写完,父母说:"你怎么就知道玩,不爱学习。"这是父母对于孩子的评价,是对孩子的抱怨和指责。孩子或许是出于其他原因才没有写完作业,但这种话听多了,他就会破罐子破摔,讨厌学习,不愿意与父母交流。

3. 忽视孩子的感受

很多父母在和孩子沟通时,会忽视、压抑孩子的感受,命令他按照自己的想法做事。比如,孩子不想学习,父母说:"我花钱供你上学,你就这个表现,想气死我吗?"一句话就把孩子的满腹心事堵住了,孩子感到委屈,就更加排斥和父母沟通了。有人问:"如果被父母暴力对待,你愿意原谅吗?"其中几乎所有被暴力对待的人,都选择绝不原谅。有人留言,父母给予的伤害影响着自己的一生,他们以为孩子一定会原谅,只不过是父母一厢情愿的想法。一旦施暴,就会在孩子心中刻下难以愈合的伤痕。

给父母的情绪管理建议:

父母可以控制自己的情绪,在与孩子互动时多加注意,避免对孩子施加暴力。

1. 不带偏见地倾听

倾听是沟通的前提，父母可以先耐心地、专注倾听孩子的想法，避免先入为主，带有偏见。即使不认同，父母也不要马上对孩子做出负面评价。

2. 表达感受

父母不喜欢、恼火孩子的行为时，需要控制好自己的情绪，清楚地表达自己的想法。比如，孩子犯错，父母生气，怒骂他只是发泄情绪。而表达感受是，"你这样说，我很难过。""你刚才的做法，我不喜欢。"客观的感受，比直接评价孩子的行为，更能令孩子反省自己。

3. 请孩子回应

很多时候，父母的表达很可能引起孩子的误解，所以在沟通结束后，父母要确定孩子是否理解了。请孩子做总结、反馈，如果发现孩子理解错误，父母就可以及时查缺补漏。

2. 当孩子倾诉烦恼，父母的回应很重要

情绪剧场：

小雪闷闷不乐地跟妈妈说："李童总用我的橡皮，我不想借给他。"

妈妈说："一块橡皮而已，不要小气。"

小雪说："他总问我借橡皮，橡皮都被他擦黑了。"

妈妈:"没事,我再给你买一个。"

小雨很不开心。

情绪分析:

当孩子倾诉烦恼时,父母错误的回应往往会让孩子更受伤。比如"这有什么,你能不能大度一点儿。""他打你,你不会打回去吗?""怎么就你事儿多?""没关系的,你是男子汉,要坚强。"

孩子眼里的大事,在父母看来大多不值一提,小菜一碟。父母只站在成年人的高度上看问题,难免会"站着说话不腰疼"。这非但不能帮助孩子排忧解难,还会让孩子更加郁闷,忍不住怀疑自己,不愿意再与父母分享自己的苦恼。

孩子的情绪被压抑下来,但不代表他可以自我消化。有研究发现,人脑中负责控制情绪的前额脑皮质,到20至25岁才能发育成熟。在此之前,孩子很难有效调节自己的情绪。父母如果没有给孩子合理的引导,孩子就会用诸如哭闹、摔东西、朝他人发脾气等不正确的方式来发泄情绪,久而久之,心理和性格方面也会出现问题。

当孩子向父母倾诉烦恼时,必然是到了难以忍受、不得不说的时候。因此,父母在倾听时要格外慎重。一旦父母的反应过度,或者做出消极回应,就失去了了解事情全貌的机会,孩子的负面情绪也得不到化解。如果父母听完就对孩子发脾气,大加斥责、打骂,说些"我早就和你说过……"之类的话,那就更无异于落井下石,给孩子造成二次伤害。

给父母的情绪管理建议：

孩子向父母倾诉烦恼时，如果能获得父母的支持与帮助，就可以大大缓解他的心理压力，同时也能加深孩子与父母之间的感情。

1. 引导孩子梳理情绪

引导孩子梳理情绪，可以让孩子感受到父母是理解他的感受的。在孩子倾诉结束后，父母可以对孩子说："你觉得……（愤怒、伤心等情绪），是因为……（原因），你认为应该……（孩子的想法）"引导孩子准确表达自己的感受、想法，循序渐进，孩子就能主动、清楚地表达了。

2. 给孩子预留倾诉时间

父母可以每天给孩子留一段倾诉时间，比如，吃过晚饭后的时间，或者晚上睡觉前的时间。在孩子倾诉后，父母要做出积极的回应，比如："我很高兴你告诉我这件事。""事情还不算太糟。""你还小，不知道该怎么办很正常。""这确实很让人生气。"如果是孩子不愿别人知道的事，父母还可以跟孩子保证，不会把事情告诉其他人。

倾诉期间，父母要尽量以肯定、鼓励孩子为主，让孩子越来越愿意说出自己的心里话。

3. 帮孩子找出解决问题的方法

在安抚了孩子的情绪后，父母可以帮助孩子找到解决问题的方法，共同制定具体、有效的解决方案。比如，如何得体地拒绝对方,正确地表达自己的感受,向老师、同学求助,等等。

谈话快要结束的时候,父母可以告诉孩子:"下次再遇到问题,还可以来找爸爸妈妈,爸爸妈妈非常乐意帮助你。"如此,孩子就能感受到父母的爱护与支持,他会更愿意对父母倾诉。

4. 默默陪伴

孩子心情不好、烦躁不安时,往往缺乏安全感,这时父母可以采取默默陪伴的策略,不管有多担心,都不要催促,或者说个不停。

父母可以利用亲密的肢体接触,来缓解孩子的不安。父母可以搂住孩子的肩膀,与他手拉着手,给他一个拥抱。孩子会觉得父母是可以信任、依靠的,如此他才会愿意说出心里话。

在孩子小的时候,父母就要引导孩子学会用正确的方式,调节、消化不良情绪。因为打败一个人不是困难本身,而是他对困难的态度。

3. 孩子叛逆处处唱反调,顺着聊不强迫

情绪剧场:

妈妈:"珊珊,来吃点儿蔬菜。"

珊珊:"我不吃。"

妈妈:"你不是爱吃豆角吗?我专门给你做的。"

珊珊:"我现在不爱吃了。"

妈妈："不吃蔬菜不健康，小心变成大胖子。"

珊珊"哼"了一声，专门挑肉吃。

情绪分析：

很多父母认为，孩子叛逆唱反调是对自己的不尊重，是在挑衅自己。所以，听到孩子说"不"时，就会非常愤怒，会强硬地制止孩子的行为，逼迫孩子顺从自己。

其实，说"不"是孩子进入叛逆期的普遍现象。孩子在成长过程中会经历三个叛逆期，第一个叛逆期在2到3岁，这时候孩子的"自我意识"萌芽。当孩子意识到自己的话可以表达他们的意志，就会对说不乐此不疲。说"不"对他而言，并不代表他拒绝父母的要求，只是一件简单有趣的事情而已。这是孩子成长必然要经历的过程，意味孩子开始与父母分离，作为独立的个体探索世界。

第二个叛逆期在7到9岁，孩子逐渐产生独立意识，不喜欢被人拘束，因此常常跟父母对着干。第三个叛逆期在12到18岁，也就是青春期。在这个时期，孩子的性格与思想逐渐成熟，对许多事都有了自己的想法，自然也就会与父母发生许多分歧。

在这三个时段，孩子会表现出固执、暴躁、难以沟通的特点。父母要孩子做什么，他就偏不做什么，随时能把父母气得原地爆炸。但这只是孩子成长过程中的正常现象，既无法避免，也不是出于孩子本意。此时，父母越是强迫他听从管教，孩子的反应就越激烈。

还有些孩子喜欢唱反调，挑衅父母，这可能是孩子吸引父母注意力的一种手段。孩子感受到父母的忽略，就故意和父母对着干，这在吸引父母注意力方面，效果显著。

哈佛大学心理学教授丹尼尔·韦格纳做过一个"白熊实验"。丹尼尔·韦格纳教授要求参与实验的人不要想象一只白熊，结果这些人很快就想出了一只白熊的样子。这个实验证明了，我们越是强调"不"，"不"就越容易出现。

因此，父母实在没有必要强迫孩子说"是"，顺着孩子的话说，让孩子感到满足，孩子自然也就不执着于说"不"了。

给父母的情绪管理建议：

如果父母把孩子当成一个平等的沟通对象，就不会强迫对方接受自己的意见，也会按捺住总是否定对方的欲望，孩子内心的叛逆情绪自然也就不会被激发出来。那么，平等的亲子沟通模式如何建立？

1.多和孩子商量

在和孩子商量时，父母可以先听一听孩子的想法。孩子有自己的想法，需要得到父母的尊重。比如，孩子不愿意上床睡觉，妈妈："你不想上床睡觉，是还没玩够吗？"孩子说："我想再玩一会儿，等下就睡觉。"妈妈："你不早点儿睡觉，明天起不来床，怎么办？"孩子："那我快点儿玩，马上就好了。"

父母在要求孩子听话前，不妨先听听孩子的想法，只要合理，就可以顺着他的心意来。如果不合理，父母就要想办法说服孩子了。

2.给孩子选择的权利

孩子说"不"源于他想要独立的心理需求，因此，父母不妨让他来做选择。一旦孩子做出选择，就会有独立、主导生活的感觉，不仅不会再说"不"，还会更加配合。

父母可以把"快来吃早饭。"变为"你是想用筷子还是勺子？"对于年龄较小的孩子来说，两个选择就足够了。

3.少用否定表达

很多父母提醒时，喜欢采用"不要……"的句式，这恰恰会让孩子更加关注"不"之后的内容。因此，除了涉及安全的问题，如"不可以去碰插座。"这一类，父母都可以直接告诉孩子他可以做些什么。

父母在与孩子沟通时，最好不要直接命令孩子，加剧孩子的反感。父母可以把命令句式改为询问句式。比如，父母想要孩子洗完，可以说："等吃完饭，你可以去把碗洗了吗？"父母让孩子感受到尊重，他会更乐意答应你。

孩子叛逆的背后一定藏着更深层的需求，父母发现、满足这种需求，就会发现一个截然不同的孩子

4. "我不会"正确回应孩子的畏难情绪

情绪剧场：

小琦愁眉苦脸地看着数学作业："这么多题，这么难，我写不

完了。"

妈妈:"你先从简单的做,不会的问妈妈。"

小琦看了看题目,急躁道:"这个等于几啊?我算不出来。"

妈妈也急了:"还没算就不会?你能不能先好好算算?"

情绪分析:

所谓"畏难情绪"就是孩子在面对困难时,产生的一种恐惧心理。有畏难情绪的孩子会将自己遇到的困难无限放大,同时低估自己的能力,缺乏面对困难的信心、勇气,选择逃避、抗拒现实。在畏难情绪的影响下,孩子习惯于否定、放弃自己,严重时还有可能情绪崩溃。

"畏难情绪"不是无缘无故产生的。首先,和孩子的自尊有关。比如,在进入幼儿园后,有些孩子看到同龄人会做很多事情,非常轻松快乐,但他自己却做不到。孩子也有自尊心,当孩子觉得自己比别人差劲时,为了维护自尊心,他就会找借口逃避"太难了,我做不到。""我不想做""我不喜欢"……所有的拒绝,其实都是"畏难情绪"在作祟。

其次,和父母对待孩子错误的态度有关。很多父母在看到孩子做错之后,就会立刻纠正他的错误,顺便批评、打骂一番。孩子担心挨批评,就会产生"畏难情绪",害怕犯错。父母一定要孩子按照自己的想法做事,久而久之,父母主导孩子的事情,孩子则失去了锻炼能力的机会,更加没有自信。最后,和孩子失败的经历有关。心理学上有一个概念叫"习得性无助",指一个人一直失败后,就很难相信自己可以成功。如果父母给孩子布置了太难的任务,孩子一直做不到,就会开始质疑、否定自己的能力,在还没尝试前,就说出"我做不好"这类话。

虽说孩子有"畏难情绪"很正常,但如果不能处理好,孩子的学习、生活都会受到影响。"畏难情绪"让孩子害怕失败,不敢尝试新鲜事物,也更容易半途而废。有"畏难情绪"的孩子大多过于看重事情的结果,内心的焦虑与压力会让他畏首畏尾,缺乏积极性,如果没有人推孩子一把,就很难取得进步。同时,紧张焦虑的心情也会让孩子更容易发挥失常,以失败收场。

给父母的情绪管理建议:

孩子在成长过程中,必然会遇到数不清的困难,产生"畏难情绪"是难以避免的。父母能做的只有引导孩子克服"畏难情绪",让他知道困难并不可怕。

1. 暂停行动

孩子有"畏难情绪"时,父母可以先暂停行动,让他跳出紧张、压抑的氛围。父母可以让孩子吃一点儿东西,或者离开房间透透气。等孩子情绪平复下来后,父母可以说:"我知道这对你来说有难度,别担心,接下来我陪你一起。"

2. 调整难度

适当的难度有助于提高孩子的能力,但每个孩子的情况都不一样,父母需要根据孩子的能力来调整难度。

比如说,学校的作业就是针对绝大多数学生布置的,不能兼顾每一个孩子的学习情况。这时就需要父母来调整难度了。如果孩子轻轻松松就能完成作业,父母就要适当地增加难度,让他跳出舒适区,锻炼解决困难的能力。

如果孩子做作业很吃力,父母可以引导他将作业拆分成小步骤。父母可以先看孩子要写的作业有哪些,然后教他制订计划,哪些科目先做,哪些科目后做,每一科目分别需要多久的时间。当一堆作业变成了一个一个可以完成的小任务时,孩子就不会望而生畏了。

3. 让孩子不怕犯错

孩子害怕做不好,才会产生"畏难情绪"。因此,父母可以事先告诉孩子"不是必须要做好",让孩子不怕犯错,减轻他的心理压力。父母可以在孩子做错时给他提供帮助,让孩子明白,错误并不可怕,爸爸妈妈会一直支持他,他一定可以克服困难。

有些孩子对自己的要求过高,"畏难情绪"也主要来源于自身。面对这种孩子,父母就要改变他对"失败"的认知,父母可以说:"不用担心,每个人都害怕做不好,害怕失败。出错了还可以改,多试几次就会好起来的。"

其实,当孩子说出"我不会"时,最害怕的不是困难,而是没有战胜困难的后果。父母给予孩子包容与支持,就是克服"畏难情绪"的最好方法。

5. 孩子说害怕，温柔引导他说出内心的恐惧

情绪剧场：

大壮："妈妈陪我上厕所，我害怕！"

妈妈："怕什么？上厕所有什么好怕的？"

大壮："厕所里有怪物！"

妈妈："有什么怪物？快点儿去！"

大壮磨磨蹭蹭不肯去。

妈妈："不去是吧？那你尿裤子吧。"

大壮哇地一声哭了起来。

情绪分析：

"我怕黑""我害怕怪物""我怕坏人来抓我"……小孩子总会害怕各种各样的事物，大多数父母都会觉得孩子是大惊小怪，或者嘲笑孩子是胆小鬼，或者鼓励孩子勇敢一点儿，但这样做不但不能消除害怕，还会让孩子觉得孤立无援。

其实，害怕对于孩子来说是一件很正常的事情。心理学研究发现，孩子在12岁以下的时候，很容易感到害怕，且每个时期都有特别害怕的事物。例如，孩子在6个月以前害怕失去支撑，常常出现惊跳反射；2到4岁的孩子害怕动物，特别是狗；6岁左右的孩子害怕雷电、怪物，不敢独处；7到8岁的孩子怕死，怕坏人闯进家门；再长大一些的孩子害怕被嘲笑……孩子为什么会生出这些稀奇古怪的害怕情绪呢？

孩子的害怕大多源自现实经历，某些痛苦的经历会给孩子留下深刻的印象，孩子就会将害怕的情绪和当时出现的物品、人物等画上等号。比如，孩子走台阶摔倒，对台阶印象深刻，之后，他看到台阶就会感到害怕。

孩子对环境十分依赖。如果环境是熟悉的，孩子就会感到安心。一旦环境有所变化，孩子就会没有安全感。比如，忽然置身于陌生的环境，看到的全是陌生人，孩子很可能克制不住恐慌，情绪崩溃。

另外，孩子的认知水平不高，有很多事情都不能理解，如黑暗、雷电、吹动的窗帘等，都会让孩子感到恐惧。

恐惧是孩子保护自己免受伤害的本能反应，本身与胆小、勇敢没有关系。儿童心理学家陈健兴指出"受刺激时产生恐惧是正常的，适当的刺激能够锻炼孩子的承受能力和胆量。相反，没有体验过恐惧的孩子，长大后更容易变得胆小怕事，缺乏应对突发事件的能力。"因此，孩子会害怕不一定是一件坏事，关键就在于父母和孩子对于恐惧的态度。

给父母的情绪管理建议：

情绪只有被看到，才有可能被改变。当孩子恐惧时，承认和接纳他的感受，温柔地引导他说出内心的恐惧，是帮孩子面对和克服的前提。

1.送给孩子一个"保护神"

很多时候，孩子害怕就是因为缺乏安全感。因此，父母可以送孩子一个"保护神",提高孩子的安全感。比如,孩子看过的动画片中有勇敢强大的角色,父母可以送孩子一个角色玩偶,或者这个角色的周边玩具,告诉孩子:"他会帮爸爸妈妈保护你的。"或者,父母也可以选择神话故事中的英雄人物,给孩子讲相关故事,告诉孩子:"怪物来了,……会保护你的。"

2. 打败吓到孩子的事物

当孩子害怕未知的事物时,父母无须和孩子纠结到底有没有这个东西,到底需不需要害怕。父母可以当着孩子的面,打败吓到孩子的事物。比如,孩子觉得床下有东西,父母可以告诉孩子:"我有办法打败它。"然后对着床下喊:"速速退散!速速退散!"然后,父母就可以宣布自己把吓到孩子的东西赶跑了,然后让孩子记住口诀,下次自己上阵。

3. 脱敏治疗

约翰·华生做过一个实验,证明恐惧是可以通过训练消除的。他找来一个名叫皮特的小男孩,皮特十分害怕白色的老鼠和兔子。华生让皮特看白色的老鼠和兔子,每当皮特看到的时候,约翰·华生就会送给皮特一个小礼物,比如,皮特喜欢的零食、玩具。

刚开始老鼠和兔子被关在笼子里,与皮特保持一定的距离,然后二者的距离越来越短,最后约翰·华生把老鼠和兔子放出笼子,皮特可以和它们一起玩了。这就是我们所说的脱敏治疗。

有些孩子会恐惧,是因为没有经历过,未知的才是最可怕的。因此，如果孩子害怕某种事物，父母可以让孩子循序渐进地接触，让孩子发现这其实并不可怕。

如果孩子抗拒，父母也无须批评、强迫，可以再找个合适的时机，给孩子适应的时间。

父母正视孩子的恐惧情绪，陪伴他走出这片阴霾的区域，孩子才能获得真正的勇敢。

6. 一味说教，只会让孩子的厌学情绪更严重

情绪剧场：

小尔："妈妈，我不想上学了。"

妈妈："为啥不想上学？你知不知道不上学，没有文化，生活有多辛苦吗？"

小尔低着头不说话。

妈妈："现在连环卫工人都有大学生去竞聘，你说你不上学，能干啥？"

小尔恨恨地朝着书包踢了一脚。

情绪分析：

为了孩子好好学习，将来有更好的出路，父母可谓是拼尽了全力。所以，当听到孩子说不想上学，或者说流露出任何厌学情绪时，就忍不住想要教训一顿，或者讲一堆大道理。

其实，厌学情绪就像我们大人偶尔会讨厌上班一样，并不代

表孩子真是不愿意学习或者不想上学了。更不是孩子不上进、不懂事,而多半是学习过程中遇到挫折,没有体验到学习的乐趣,或者在学校遭遇了不愉快的经历,而表现出的负面情绪。

比如,有孩子是因为成绩太差,常常被老师和父母批评、打击,被同学嘲笑,所以对上学产生了排斥心理。

再比如,有的孩子在学校和同学发生了冲突,或者被孤立、被欺负等,就产生了厌学情绪。

孩子出现厌学情绪,就像父母抱怨工作,本意是想获得安慰和理解,却得到父母一通说教甚至指责。诸如"学生就是应该学习,你怎么能不爱学习呢?""学习是为了你自己,不学习你将来要做什么?"试想,如果我们在家中抱怨工作时,家人说:"你不上班怎么生活?你只有好好工作,才能……"郁闷的心情可想而知。

孩子有了厌学情绪,父母只靠大道理压人,不仅不能改善情况,反而会使孩子更加抵触学习。甚至,有些孩子会觉得父母不理解自己,拒绝与父母沟通,导致与父母的隔阂越来越深。

给父母的情绪管理建议:

想要化解孩子的厌学情绪,父母可以参考以下几个方法:

1. 找到孩子厌学的具体原因

孩子厌学必然是有原因的,父母找出具体的原因,帮助孩子解决困难,就能从根本上化解孩子的厌学情绪。

比如,有些孩子讨厌学习某一科目,有些孩子讨厌某一科目的老师，有些孩子不喜欢计算，有些孩子背诵吃力……这些问题都要靠父母仔细观察，与孩子和授课老师沟通、交流，才能发现。找到孩子厌学的具体原因后，父母就可以具体问题具体分析了。

2. 少说与学习相关的事情

孩子有了厌学情绪后，父母可以多问问孩子在学校的趣事，而不是只说学习。这样做可以让孩子意识到去上学不只是学习，在学校还有许多快乐的事。孩子关注的不再只有学习带给他的压力与痛苦时，他会放松下来，不会越来越抵触上学这件事。

3. 让孩子体验不学习的生活

网上流传着一个爸爸带着厌学的儿子搬砖的视频。男孩非常讨厌学习，劝说无果后，父亲就把他带到工作的工地，让孩子搬砖打工。

搬完砖，孩子满脸灰尘，筋疲力尽地说："爸爸，我不想搬砖了，我想去上学！"

孩子不想上学，父母的第一反应大多是"怎么能不上学？"然后逼孩子去上学，孩子上学不高兴，父母也吃力不讨好。其实，父母可以让孩子体验一下不上学的生活，亲身经历会比听父母说教有用得多。

孩子产生厌学情绪，父母一定要注意方式方法，简单粗暴的说教只会让孩子越来越抵触学习。

7. 错怪孩子后，要学会正确道歉

情绪剧场：

妈妈："小北，能帮妈妈洗个桃子吗？"

"好。"小北一口应下，跑去厨房洗桃子。

这时，爸爸下班回来，看到小北站在水池前，水龙头还在流水："你又玩水！告诉过你不能浪费水，跟你说了几遍了，你怎么就是不听！"

听到爸爸劈头盖脸的指责，小北委屈极了，忍不住号啕大哭起来。

情绪分析：

在错怪孩子的时候，你会给孩子一个真诚的道歉吗？很多父母即使意识到了自己的错误，也不愿意向孩子承认自己错了。因为拉不下面子，或者觉得没必要给孩子道歉。

父母错怪孩子，孩子会伤心，也会对父母感到不满。道歉能够化解孩子内心的不满，并且得到孩子的原谅。但如果父母居高临下，把自己的错误糊弄过去，就会让孩子更加不满。不要以为孩子还小，转头就会把这件事情忘掉。痛苦的经历总是令人印象深刻，孩子心里越委屈，与这件事相关的记忆就越不容易忘记。长此以往，父母与孩子之间的矛盾会越来越多。

而且，如果父母不道歉，也会让孩子觉得父母言行不一，以大欺小。耳濡目染，孩子不仅难以养成正确的是非观念，还有可能养成推卸责任的习惯。

有些父母知道错怪了孩子要道歉，但道歉时总是各种踩雷。比如，妈妈怀疑女儿弄丢了自己的项链，然后发现项链在自己口袋里，就赶紧向女儿道歉："对不起，是妈妈冤枉你了。但妈妈也是看你之前总玩妈妈的首饰，才会以为是你乱拿的，你原谅妈妈吧！"妈妈或许只是想要解释自己错怪了孩子的原因，但却有种"要不是你自己有前科，我也不会错怪你"的暗示，孩子感受不到道歉的诚意，反而觉得自己又被批评了一顿。

再比如，有些父母只别别扭扭地说一句"对不起"，或者看孩子不肯原谅自己，就说："我都和你道歉了，你就原谅我吧！""我跟你道过歉了，你还这样生气，那我也不知道该怎么做了。"这样的道歉会让孩子觉得父母是在敷衍自己，自然越听越生气。

给父母的情绪管理建议：

《道歉的五种语言》这本书讲"当你愿意为自己做出的冒犯行为道歉时，就打开了一扇通往恢复家庭关系的大门。"那么，父母要如何才能真诚地表达自己的歉意呢？

1. 告诉孩子"是我的错"

在错怪孩子后，父母需要主动承担责任，让孩子看到你的诚意。父母可以说："是我没有看清楚，对不起。"也可以说："对不起，是我……"

父母可以在道歉之前先组织好语言，避免让孩子产生误解。

如果孩子不肯原谅，父母也无须着急，给孩子一点儿的时间。大多数的孩子都做不到父母一道歉，就立刻选择原谅、冰释前嫌。父母给孩子真诚的道歉，是在为自己的错误负责，至于孩子原不原谅，那是他自己的事情。

2. 提出解决方案

父母可以在道歉后，提出解决问题的方案。比如"下次再出现这种情况，爸爸妈妈会……你觉得这样可以吗？"

父母与孩子商量，征求他的意见，会让孩子感受到重视与诚意。不仅委屈难过的情绪会得到有效的缓解，孩子也会更加信赖、喜欢父母。

3. 表达感受

如果父母是出于好意，却因误会而一时口不择言，可以在道歉后表达自己当时的感受。

比如，"是我没看清就发火，是我不对。当时看到……我担心你会……"如此，孩子既看到了父母勇于承认错误的一面，也明白了父母是出于爱护自己才犯错，就更愿意理解、原谅父母了。

不要不好意思对孩子说"对不起"，父母与孩子不该存在隔阂。坦诚一些，抛下所谓的面子，真诚地与孩子说一声"对不起"吧！

第四章
正确共情搞定熊孩子

1. 正确运用共情，解决孩子的哭闹

情绪剧场：

可可难过地看着地上沾满灰的棒棒糖，她才吃了两口。

妈妈："可可，你是不是很难过？"

一听妈妈这话，她就开始掉眼泪了。

妈妈连忙接着安慰："妈妈特别能明白你现在的感受，可是棒棒糖已经掉到地上了，你哭也没用啊。"

结果，可可哭得更加伤心了。

情绪分析：

孩子哭闹时，很多父母都学会了一招——共情，学着去体会孩子的情感，但他们也发现了一个问题，那就是自己越共情，孩子反而哭得越厉害。

共情之所以没有用，是因为父母把共情用错了。有时候，孩子明明没有多难过，但父母偏偏要强行共情，就像在告诉孩子：你很痛苦，现在你可以哭了。孩子原本可以自己消化的情绪，在经过父母的提醒后被不断放大，进而一发不可收拾。

也有父母只是把共情当作迅速安抚孩子的工具，很多父母喜欢

行机械式地重复固定句式，比如，"爸爸妈妈理解你，我懂你"，以为这样就可以安抚住孩子。但这只会让孩子觉得父母是在例行敷衍，他感受不到理解和在意。就这样共情反而加剧了孩子的消极情绪，而父母装作是在和孩子共情，其实是想要控制孩子按照自己的想法做事，只要孩子多哭一会儿，父母就会暴跳如雷，失去耐心。

父母觉得自己和孩子共情了，其实只是嘴上共情了，身体和精神上则完全没有共情。真正的共情不应该带有训斥和安慰的成分，也不应该是同情孩子，或是趁机说服孩子别哭了，更不应该是一味放纵孩子情绪。

共情也叫作同理心，真正的共情是站在对方的立场上去感受、思考。父母想要真正地和孩子共情，就要尽力做到感同身受，让孩子觉得被理解。

当孩子觉得父母可以理解自己的感受时，就能够从心理上接受父母的劝导。父母的理解其实很简单，抚摸、拥抱或者一句简单的询问，都可以让孩子把压抑的情绪释放出来。

给父母的情绪管理建议：

父母要明白共情的目的不是为了迅速安抚孩子的情绪，而是让孩子和父母之间建精神上的联结，帮助父母走入孩子的内心，从根本上治愈孩子的情绪，维持健康、亲密的亲子关系。父母可以参考以下小技巧，和孩子进行共情。

1. 认真倾听、仔细观察、用心感受

父母在孩子爆发情绪时，不要立刻安慰孩子，父母可以仔细观察孩子的身体反应和情绪变化，推测孩子是否有自己消化情绪的能力。如果一段时间后孩子的情绪还没有恢复过来，父母可以询问孩子"你怎么了？""发生了什么？"或者"你感觉怎么样"，父母要尽量问一些开放式的问句，鼓励孩子自己把情绪宣泄出来。

在这个过程中，父母要脱离成年人的高度，尝试着站在孩子的立场上体会孩子的情绪，和孩子进行一场抛开身份的交流。孩子对情绪的感知能力非常敏感，他们会看到父母的理解，并对父母敞开心扉。

2. 同步孩子的表情和动作

在心理治疗中，"生理同步"是会被经常采用的方法。很多科学研究显示，一个人的神经系统变化会带动面部肌肉的变化。一个人的表情、姿势、动作会暴露他的很多情绪方面的信息。父母尝试模仿孩子的表情和动作，可以更加直观地揣摩孩子的情绪，从而和孩子达到共情。

一个孩子摔倒了哇哇大哭，爸爸看到了，连忙把自己也摔在地上，对着儿子喊："宝宝，好疼啊。"孩子看到爸爸和自己一样疼，便和爸爸抱在一起哭。过了一会儿，爸爸对孩子说："我好像不太疼了，你还疼吗？"孩子止住了哭声对爸爸说："不疼了。"于是父子二人便爬起来拍拍裤子上的灰尘，离开了。

父母选择感受一下孩子正在遭遇的痛苦，这在获得孩子的认同感的同时，也能在一定程度上消除孩子的负面情绪。

3. 把时间线往前推

当孩子处于情绪发泄阶段时，父母是很难介入到孩子的情绪中的。所以父母可以等孩子的情绪缓和一点儿后，询问孩子发生了什么事，再询问孩子往前的事情，把时间线不断往前推。因为很多时候，孩子的情绪是在不断积累后才爆发的，所以父母需要推导出真正让孩子爆发的根源问题，从根本上和孩子共情。

人和人之间很难存在真正的感同身受，但父母对孩子的理解和关心，孩子一定是可以感受到的。因此，共情的关键不在于揣摩孩子的心情，而在于是否足够真诚。

2. 孩子在公共场合哭闹，如何冷静应对

情绪剧场：

丸子："我要吃麻辣烫。"

妈妈："那个很辣，小孩子不能吃。"

丸子大声喊："我就要吃。"

妈妈板着脸，凶道："我说了不许吃！"

情绪分析：

路上，孩子抱抱的要求被拒绝，张着嘴巴号啕大哭；

商场里，孩子买玩具的要求未被满足，赖在地上哭！

孩子在家里哭闹，父母只觉得心烦。孩子在公共场合哭闹，父母除了心烦，还会觉得尴尬，没面子。一时恼羞成怒，就忍不

住对孩子发火，教训孩子，甚至对孩子动手。这么做，胆小的孩子也许能一时被震慑住，那些性格比较拧的孩子可能会更加无所顾忌。以至于出现了有妈妈把孩子扔在马路边的自行离开的危险情况。

要避免被情绪控制，做出不理智的行为，父母不妨先了解一下孩子为什么常在公共场合哭闹？

首先，3岁以下的孩子本身不具有自控能力，想哭就哭，想闹就闹是他们的特点。当需求得不到满足，孩子的情绪就会越来越糟糕，他不知道该如何宣泄情绪，不高兴了放声大哭就是第一选择。而且，他们的语言表达能力有限，难以将自己的想法、感受、理由清楚地说出来。有时候越着急越不知道该怎么样说，只能用哭闹他表达自己的态度。

其次，孩子天生活泼好动，进入公共场合容易异常兴奋、激动，表现出大吵大闹，且无视规则，不听规劝。哪怕孩子年龄超过6岁，具有一定的自控能力，但有时候也难以自持，尤其是看到令人兴奋的玩具，看到电影里一些刺激的场面等，都会忍不住尖叫。

再次，有些孩子则是利用哭闹来要挟父母，他们大多有过成功经验。善于观察的孩子早就摸准了父母的死穴，人越多，父母越害怕自己哭闹。所以，每当父母没有满足自己的要求时，孩子就会在众目睽睽之下大哭大闹。并且，围观的人越多，孩子哭得越起劲。

最后，孩子在公共场合大吵大闹，和父母本身的教育也息息相关。比如，父母平时没有给孩子讲解过什么是公共场合？公共场合应该遵循什么礼仪？孩子没有"公共场合不可以大吵大闹"的规则意识，也认识不到自己的行为会给别人带来什么影响，或者会让别人对自己有什么评价，自然就不会在公共场所有所顾忌。而当孩子在公共场合吵闹时，很多父母安抚无果，觉得十分丢脸，就会怒从心头起，干脆现场批评、责骂孩子，有的甚至会动手打孩子。还有些父母会威胁孩子"你再这样，我就不管你了！""你再哭，下次我就不带你出来了。"……

可是，父母的斥责打骂通常不仅不能奏效，反而会让孩子闹得更凶。即便是能短暂地唬住孩子，也会让孩子的负面情绪堆积、压抑在心里，得不到疏解，带来各种负面影响。

给父母的情绪管理建议：

孩子在公共场合哭闹，父母如何不发火而让孩子快速平复情绪？

1. 迅速离开

孩子哭闹时，父母可以选择迅速离开事发地。一方面，孩子离开事发地，就会渐渐平静下来。另一方面，父母用自己的行动告诉了孩子："可以有情绪，但绝对不能在公共场合大哭大闹。"一旦父母表现出害怕孩子在公共场合哭闹，孩子觉察后，就会哭闹得更厉害。因此，父母如果没有安抚孩子的方法，冷静、迅速地抱着孩子离开是最好的方法。

父母可以选择把孩子带到安静、人少的地方。在许多外人面前，父母与孩子都会承受一定的压力，受到他人的干扰，影响教育效果。因此，父母不妨找个相对安静、私密的空间，让自己可以从容地解决问题。

2. 转移注意力

父母在带孩子出门前，可以在背包里装一些孩子喜欢的玩具、零食。一旦看到孩子有情绪失控的苗头，就拿出一样来转移他的注意力。并且，孩子在公共场合哭闹，大多是想要好吃的食物、喜欢的玩具，父母可以拿出准备好的东西，先将孩子安抚住，然后迅速离开。孩子看不到那些零食、玩具后，很快就会将其抛到脑后。

父母也可以引导孩子关注其他人或物，比如，父母可以说："你看，旁边的小朋友都不哭，你知道为什么吗？因为这是公共场合，不能大喊大叫。"父母还可以说："快看，那边有……我们去看看。"

3. 底线清晰不妥协，让孩子自觉停止耍赖

情绪剧场：

小宝走了几步后，朝爸爸伸手："爸爸，抱抱。"

爸爸："再走一会儿好不好？"

小宝瘪嘴，要哭。

爸爸:"好,爸爸抱。"

小宝:"我要吃冰激凌。"

爸爸:"不行,你刚刚都吃过了。"

小宝大哭。

爸爸:"买!买!你别哭。"

情绪分析:

当孩子哭闹耍赖时,父母往往束手无策。或是忍受不了孩子吵闹的哭喊,或是心疼孩子哭哑的嗓子,面对耍赖的孩子,很多父母都选择了妥协。

在关于操作条件反射理论的研究中,心理学家得出这样一个结论,为获得某种正向的结果,实验对象会去做出特定的行为。当孩子发现哭闹耍赖可以令父母妥协,进而满足自己的需求,就会让孩子形成条件反射。一旦父母不愿意满足自己的需求,孩子就开始哭闹耍赖,且越来越得寸进尺。长此以往,孩子就变得骄纵任性、以自我为中心,动不动就哭闹。

父母一见孩子哭闹就妥协,很容易陷入死循环:孩子哭闹——父母妥协——孩子再次哭闹——父母再次妥协……一旦父母不愿意妥协,孩子就会哭闹得更厉害,或采取更激烈的手段要挟父母,比如离家出走、自残、自杀,等等,直至父母妥协才肯罢休。如此,孩子在失控的道路上越走越远,父母也会越来越无可奈何。

《今日说法》节目中,一个12岁的男孩只因被母亲骂了一顿,就服毒寻死。记者问李玫瑾教授,这么大孩子为什么会寻死呢？李玫瑾教授认为，是妈妈给了孩子错误的信息，让他以为妈妈的爱没有限制，他就用你的爱来威胁妈妈，只是他不明白死亡代表了什么。

拒绝孩子越早越好，一般来说，2到3岁之前，孩子哭泣都是在传达一些痛苦的情绪。但3岁之后就不一样了，3到5岁的孩子会有"我想要这个东西，你不答应我就哭"的想法。此时，孩子的哭泣已经具有目的性了，哭声不再只单纯地表示痛苦。一旦发现孩子的哭泣变得具有目的性了，父母就该慎重对待了。如果孩子一哭就妥协，会让孩子尝试把哭泣作为要挟的手段。如果屡试不爽，孩子的胃口就会越养越大。

所以，对于孩子的一些无理要求一定要学会拒绝，这样才能避免孩子变得索求无度，不懂感恩。当孩子了解了父母不会因为自己的哭闹而妥协，自然也就不会把哭闹作为要挟父母的手段了。而且当孩子习惯了被拒绝，慢慢也能够接受拒绝，不会因为听到一个"不"就情绪崩溃。

给父母的情绪管理建议：

当孩子耍赖时，父母可以参考以下几点。

1. 默默陪伴

长期从事青少年心理问题研究的李玫瑾教授指出，在孩子哭闹时，不要去训斥、打骂孩子，更不要去和他讲道理。因为在孩子哭闹时，对父母的话是听不进去的。同时，孩子哭闹也是在宣泄不满的情绪，所以，父母需要保持沉默，等孩子发泄完，看到父母不买账,很快就会自己停下来了。

孩子的消极情绪一定要得到释放,父母可以静静地坐在孩子身边,陪他哭泣,告诉他:"我知道你很……哭出来就好了,我在这里陪你。"父母的陪伴会让孩子感到安心,让他有勇气面对自己的错误。

2. 提前告知底线

父母最好事先告诉孩子,底线在哪里,比如"一天只能吃一颗糖""8点前必须要开始写作"……这样做可以防止孩子讨价还价,比如"再给我一颗糖""我再看5分钟"……父母可以还提前告诉孩子为什么不可以做某些事情,并反复重申,直到孩子牢牢记住。

3. 给孩子选择

很多孩子哭闹一番后,就不再那样执着于本来的需求,甚至忘了自己为什么要哭。这时,父母就可以给孩子选择,给他悔改的机会。

比如,孩子闹着要吃零食,父母可以陪孩子哭一会儿,等他稍微平静下来,再问他:"你是想继续在这里哭,还是和妈妈一起玩?"孩子已经知道自己不可能吃到零食了,继续哭还不如玩耍,这样他很快就能自己平静下来了。

事后,父母可以告诉孩子他哪里做错了,让孩子意识到哭闹耍赖是不对的。

妥协不是解决问题的方法,直面问题,让孩子看到底线,明白父母是不会轻易妥协的，他自然就会停止耍赖了。

4. 孩子打人咬人背后，是未被满足的情绪需求

情绪剧场：

小商正在上幼儿园中班，班上许多孩子都被他打过、咬过，孩子们一见到他就跑得老远，都不愿意跟他玩。爸爸气得揍了他好几次，但情况依然没有改善。

情绪分析：

有的孩子在家里，冷不丁咬妈妈一口，对爷爷奶奶拳打脚踢，到了外面也不收敛。一不留神就对别的小朋友动口动手，搞得父母不得不给人赔礼道歉，严重的还得给人掏钱医治。父母也不是没有阻止，反复讲道理，甚至不惜动用武力，但孩子就是屡教不改。

其实，孩子咬人、打人背后隐藏着不同的心理原因。出生后的 2～4 个月开始，孩子会进入口欲期，什么都喜欢放到嘴里咬一咬。这是孩子探索世界的一种方式，父母无须刻意制止孩子，只要保证入口的东西是安全干净的即可。如果孩子处于长牙期，孩子会没事就咬咬东西，甚至毫无理由就去咬人，这是在缓解"牙痒"。

等孩子大点儿了，打人咬人通常是表达不满。当有人触碰或拿走他喜欢的东西，孩子的语言表达能力又有限，不知道如何反

击，就有可能直接动手打人、上嘴咬人。比如，如果父母故意拿走孩子的东西来逗他，很容易激怒孩子，他下意识地就会用小拳头来招呼爸爸妈妈。

孩子打人咬人也是想要吸引关注。特别是缺乏父母陪伴的孩子，他们往往内心缺乏安全感，会通过打人、咬人这些过激的行为方式来吸引父母关注。尤其是如果孩子有过某一次因为打架，父母不得不从忙碌的工作中抽身出来，把精力投放到自己身上的经历，孩子下次可能会故意为之。有些孩子咬人、打人是单纯地模仿其他人的行为。动画片、电视剧中经常会出现打人的画面，或者身边有人做出了打人、咬人的动作，孩子觉得新鲜，就会通过模仿来认识、融入世界。

孩子打人、咬人的背后，大多是未被满足的情绪需求。很多父母看到孩子打人、咬人，想的不是疏导孩子的情绪，而是将孩子痛批一顿。过度的反应虽然能够纠正孩子的行为，但也会伤害到孩子。比如，受到惊吓，或者让孩子觉得自己犯了十分严重的错误，以为自己是个坏孩子。而对孩子进行肉体惩罚，就是在告诉他"你也可以使用暴力"，使孩子更具攻击性。

给父母的情绪管理建议：

父母尊重孩子的生长规律，看到孩子行为背后的情绪需求，引导孩子放弃咬人、打人，用更加合理的方式来表达情绪。

1. 引导孩子说出自己的情绪需求

在孩子咬人、打人时，父母可以立刻制止孩子，然后引导他说出自己的想法，从根本上解决问题。父母通过观察、询问、推测来找出孩子的需求，可以说："你是生气某某玩你的玩具吗？你不想给他玩吗？""你想要我陪你玩吗？""我知道你是……"

2. 教孩子正确表达情绪

有些孩子好恶分明，无论是见到喜欢的还是讨厌的人或事物，都会强烈地表达出来。这时，父母可以趁机教孩子如何正确地表达情绪。

父母可以明确地告诉孩子："不可以咬人、打人""不可以用力拍人、推人"……如果孩子非常激动，不管是高兴还是生气，父母都需要立刻从他的身后环起双臂，将他紧紧抱住。这样做既可以阻止孩子攻击他人，也可以迅速安抚住孩子，父母也不会受到孩子攻击。

等孩子的情绪平复后，父母可以带他去道歉，为自己的错误行为做出弥补。

3. 让孩子知道后果

孩子发展共情能力需要很长的时间，所以父母需要让孩子明白，他的行为可能导致哪些后果，比如"妹妹不喜欢和你玩，是因为你把她拍疼了。""某某不知道你想玩这个玩具，你咬他，把他吓到了，他只能拿着玩具离你远点儿。"

另外，父母不要夸大孩子带来的伤害，让孩子产生罪恶感，客观描述事实即可。

孩子不会无缘无故地表现出攻击性，行为的背后一定有着某种情绪需求。父母尽量多了解孩子，就会发现他还是那个小天使，没有变坏。

5. 孩子精力过剩爱捣蛋，给他宣泄的渠道

情绪剧场：

小韦在沙发上跳来跳去，把沙发罩弄掉了。

妈妈怒吼："小韦，你干什么呢！"

小韦："我在玩过河的游戏。"

小韦在屋里踢足球，把茶几上的杯子碰到地上，摔碎了。

妈妈生气道："你就不能消停一会儿吗？"

……

情绪分析：

有妈妈说："我儿子经常把邻居家的狗狗玩得爬不起来，邻居默默搬走了。"

有妈妈说："我家闺女每天忙着把衣柜里的衣服拿出来，把玩具扔得到处都是，搬所有能搬动的东西，不辞辛劳。"

有妈妈说："我家老二从早上睁开眼就开始在家里乱窜，不是在飞檐走壁，就是在窗帘后面捉迷藏，要么就是在玩警察抓小偷的游戏……100平方米的房子，你总是抓不住他。"

从早闹到晚，永远不知疲倦，惹出的祸事数不胜数，惹得妈妈们直呼"生了一台永动机"。有人调侃孩子是"充电五分钟，

在线 5 小时"的物种。

当孩子体力依然在先，父母却已经疲惫不堪时，就会拼命制止孩子，以免搞出更大的破坏。而孩子则是越禁止越来劲儿，你越不让他跑，他跑得越欢。然后，父母的怒火已经处于蓄势待发的状态了，很容易河东狮吼，指责孩子太淘气，太不让人省心。最后，通常是以孩子被揍哭，大人情绪崩溃收场。

如果孩子的好动、好问，总是被当作"不听话""调皮"，从而遭受许多的批评、指责。孩子的活泼好动因此被压抑，可能会导致孩子更加烦躁不安，难以保持平和的心情，甚至产生心理问题。

我们搞不懂孩子为什么总是在生龙活虎地折腾？为什么就不能好好睡个午觉？为什么就不能老老实实坐一会儿？其实，孩子精力旺盛是有原因的，那与其压抑这份天性，不如帮孩子释放掉。

给父母的情绪管理建议：

孩子总是顽皮闯祸，多半是精力旺盛导致，父母可以帮孩子找到正确的宣泄方式。

1. 让孩子多做运动

父母可以让孩子多做运动，消耗其过剩的精力。父母可以根据孩子的兴趣选择适合他运动。比如，足球、羽毛球、轮滑、滑冰、游泳、跆拳道……这些既有趣味性，又有挑战性的运动。

不同年龄段的孩子可以进行不同种类的运动。1 到 3 岁时，孩子可以去户外运动，如跑步、抛球、玩滑梯、玩沙子等都是不错的选择。3 到 6 岁时，孩子可以尝试跳绳、踢球、攀爬、骑自行车、跳跃等运动。6到12岁时,孩子可以开始打篮球、跳舞、游泳、打乒乓球、打羽毛球……

孩子爱上运动,坚持锻炼,既可以保证身体健康,消耗过剩精力,还能舒缓神经,释放心理压力。

2. 给孩子"出难题"

父母可以给孩子"出难题",消耗他的精力。比如,鼓励孩子多参加一些考验脑力、体力的游戏,或者给孩子一些有难度的任务,请他自己想办法完成。如此,孩子既可以发泄过剩的精力,也能锻炼孩子能力。动脑加动手,可以消耗孩子非常多的精力。

3. 培养孩子的各种兴趣

父母可以经常孩子去科技馆、博物馆、植物园等可以学习知识、开阔眼界的地方,挖掘孩子的兴趣。当孩子对某一方面产生兴趣时,父母就可以引导孩子深入接触、学习,消耗掉他多余的精力。

捣蛋也许只是发泄过剩精力的一种方式,父母给他更多的宣泄渠道,问题自然就能迎刃而解了。

6. 先接纳孩子的错误,再纠正错误

情绪剧场:

小璐在学叠千纸鹤。

妈妈教了几次,有些不耐烦:"这么简单的事情,你怎么就是

做不到？"

小璐低着头，不吭声，也不愿意学了。

情绪分析：

孩子犯错时，很多父母都会被气得失去理智，不是一通怒骂，就是直接处罚。但这种做法不仅不能解决问题，还会使问题变得更加复杂，甚至引起亲子冲突。

父母往往难以理解、原谅孩子犯下的错，特别是那些很简单的错误。过于追求完美的父母总会高估孩子，一旦看到孩子犯错就会怀疑孩子是故意的，自然会产生恨铁不成钢的情绪。

因为巨大的心理落差，父母会下意识选择强硬的方式来纠正孩子的行为。比如，大声责骂、批评，甚至将小错误不断放大，更加严厉地责备孩子。

心理学家认为，当孩子犯错时，父母如果在孩子面前发怒，孩子会缺乏安全感。此时，孩子大概会出现两种反应，一种是孩子内心充满了恐惧的情绪，难以反思自己的错误。有的孩子甚至会因为害怕被训斥、指责，担心看到父母失望的眼神，害怕被人发现自己犯了错，选择逃避、遮掩自己的错误。另一种是孩子被父母的言行激怒，顾不得思考后果，口无遮拦地反驳父母，激化亲子矛盾。

其实，孩子犯错并不是一件坏事。心理学家认为，孩子年幼时，需要预演所有的情绪，通过这种预演来试错，并留下记忆。在孩子之后的成长过程中，这些记忆都会渐渐转变为技能。这和免疫系统的形成很相似，1到3岁是最好的时期，错过这段时间，再想达到同样的效果，孩子就需要遭受更多挫折。

著名作家乔希·西普年少时是一个叛逆的孤儿，辗转于一个又一个寄养家庭。乔希·西普故意惹出各种麻烦，每到一个新的寄养家，他就猜测多少天后自己会被赶走。

直到乔希·西普又来到一个寄养家庭，这个家的爸爸名叫罗德尼。乔希·西普在这个家里，同样做了许多过分的事情，其中就有去银行开户，签空头支票，养父罗德尼替他偿还了债务。后来，乔希·西普因无证醉驾被拘留。他跟一群流浪汉和罪犯一同被关在拘留所，他害怕极了，给寄养家庭打电话求助。第二日，养父罗德尼来交保释金，将乔希·西普带回家。

回家后，罗德尼对乔希·西普说："我们应该聊一聊。"乔希·西普闻言说："终于来了，你坚持这么久，还是坚持不下去了吧，你不就是想赶我走吗！"罗德尼摇头说："你把自己当成一个麻烦，但我们视你为一个机会。"这句话震撼了乔希·西普，他忍不住流泪，幡然醒悟之后，乔希·西普努力学习，走向了与以往截然不同的人生。

孩子犯错，父母的态度才是关键。对于孩子来说，犯错并不可怕，可怕的是父母不问青红皂白的责骂与惩罚。

给父母的情绪管理建议：

畅销书《好妈妈胜过好老师》的作者尹建莉指出，在孩子的成长过程中，犯错是一堂必修课，只有修完足够的课时，他才能做到自我完善。父母不妨接纳孩子的错误，帮助他更好地改正。

1. 教孩子弥补错误

父母可以教孩子如何改正、弥补错误，让孩子明白，对待错误的态度比犯错本身更重要。

美国作家简·尼尔森在《正面管教》中介绍，如果孩子自愿弥补过错，矫正错误的三个 R 可以教会他这么做。

Recognize，承认错误，不责备他人，勇于承担责任，说出"我错了"。

Reconcile，和好，向伤害到的人道歉，说一声"对不起"。

Resolve，解决问题，想出解决方案，弥补错误。

孩子犯错时，父母可以引导他依次实行三个步骤，帮助他正确对待错误。

2. 把犯错变为学习机会

父母把孩子每一次的犯错都变为学习的机会，这既可以孩子让吸取教训，也可以让孩子意识到"即使犯错，也不能说明自己是个坏孩子，或者被责备。"他会更愿意承认错误。

诺贝尔医学奖获得者史蒂芬·葛雷小时候，曾想从冰箱里拿一瓶牛奶，但他没有抓牢，瓶子摔碎在地上，牛奶溅得到处都是。

妈妈看到后，并没有生气，只说："这个麻烦可真棒！妈妈还从没见过这么大的一摊牛奶呢！反正已经这样了，不如我们在打扫干净之前，玩几分钟吧？"

史蒂芬听完十分高兴，立刻就玩起了牛奶。

几分钟过去，妈妈对史蒂芬说："你要知道，你得把它打扫干净，把这里复原。你打算怎么做？这里有海绵、毛巾、拖把，你想选哪一个？"

史蒂芬选择用海绵，和妈妈一起把牛奶清理干净。之后，妈妈又说："刚刚，你用两只手拿起牛奶瓶没有成功，现在我们去后院，在瓶子里注满水，看看怎样才能把瓶子拿住，不掉下去。"

史蒂芬试了试，很快就发现双手抓住靠近瓶嘴的地方，瓶子就不会滑掉了。

从此之后，史蒂芬知道无须害怕犯错。因为错误大多代表着有机会学习新知识，科学实验也是如此，就算实验失败，他还是能学到很多。

7. 越阻止越逆反，适当满足孩子的欲望

情绪剧场：

莫莫拉着妈妈的手："妈妈，我想吃棒棒糖。"

妈妈想也不想地说："不行，吃糖会蛀牙。"

莫莫求了："就吃一个。"

妈妈："一个也不行。"

"我就要吃。"莫莫一边叫嚷一边哭……

情绪分析：

父母总会有意无意地抑制孩子的欲望，以为"欲壑难填"，如

果放纵孩子，他的欲望就会越滚越大，变得不懂克制。但这种压抑只是让孩子暂时将欲望压下，欲望本身并没有消失。欲望就如同浮在水面的皮球，父母越是想要向下按，孩子向上反弹的力度越大。父母如果要皮球一直沉在水下，就要一直按着，但人的意志力是有限的，总有一天会力所不及，孩子的欲望早晚会失控。

有人分享过自己的经历，因为父母管得严，从小就不被允许吃零食，便在远离父母后疯狂地买零食。他将房间填满了零食，却不愿意分给别人一小包，最后不得不去做心理咨询。

父母因为自己想象出来的可怕后果就禁止孩子吃零食，结果导致了孩子出现更严重的问题。心理学中有一个名词叫作"匮乏感"，指一旦人感到自己对某种事物不满足，他就会不断用其他方式来满足自己。父母禁止孩子的欲望，就是在给孩子制造"匮乏感"。在"匮乏感"的作用下，孩子内心的渴望是永远也不能被满足。

作家尹建莉在《自由的孩子最自觉》一书中说，扼杀孩子小小的欲望，会导致孩子极度的渴望，进而产生补偿性心理。孩子的欲望就如同洪水，不能一味地堵，还要疏。只要合理，父母不妨适当地满足孩子的愿望，这更有利于疏解孩子的欲望，将来不沦为欲望的俘虏。

父母如果一味严防死守，打压孩子的需求与欲望，很可能激起他的逆反心理。这就是"禁果效应"，受好奇心的驱使，人们对于越是得不到的东西，就越想得到；越是不能接触的东西，就越想接触。父母断然拒绝,很有可能激起孩子的反抗。而孩子的欲望被压抑久了,则必定会爆发。

但如果父母毫无节制地满足,对孩子来说也绝不是一件好事。就算再有钱、再有能力的父母,也不可能满足孩子的所有愿望,孩子总会有"想要而得不到"的东西。孩子欲望的无底洞,往往源于父母的无底线纵容。适度满足孩子的欲望,才能让他学会管理自己的欲望,懂得自我克制,真正的自我掌控和驾驭自我。

给父母的情绪管理建议:

父母接纳孩子的欲望,才能教孩子正确对待欲望。那么,父母可以做些什么呢?

1. 训练孩子"延迟满足"

所谓"延迟满足"简单来讲,就是不立刻满足孩子的愿望。父母为孩子分析利弊,引导孩子做出过一段时间再满足愿望。孩子出于自己的意愿选择等待,在需求被满足时,等待的煎熬就会变成成就感。渐渐地,孩子就会了解等待的价值,并养成耐心、忍耐等品质。

父母可以隔个两三天对孩子实施一次延迟满足,比如,孩子想吃零食,父母可以对孩子说:"爸爸妈妈正在做事,可以等我一分钟吗?"父母可以根据孩子的年龄和心智发展情况,决定孩子等待时间的长短。在孩子小的时候,父母可以简单地向孩子解释让他等待的原因,但等孩子长大后,父母就需要给孩子分析利弊。

父母可以适当地延长孩子的等待时间，由1分钟到几分钟，由几分钟到几十分钟，再到一两个小时，让孩子逐步适应。

2. 让孩子厘清"需要"和"想要"

如果孩子需要的是必需品，父母就可以尽量满足。而想要则是欲望，需要父母根据实际情况去满足。

比如，对于普通家庭的孩子来说，一双舒适、平价的鞋子是孩子所需要的，昂贵的名牌鞋子就是想要。父母要根据自己的家庭经济情况来做决定，也可以和孩子一起商量一个符合你们家庭实际情况的规则。

即便家里有条件满足孩子的"想要"，也要让孩子懂得他想要的东西，并不是总能得到，也不是理所应当必须得到的。如果你决定要满足孩子的"想要"，一定要确认你并非是在向孩子做出妥协，也不是出于"贿赂"孩子的目的。

3. 满足孩子更深层次的精神需求

孩子很多强烈的物质欲望背后，其实隐藏着更深层次的精神需要。如果仅仅是满足孩子的物质要求，继续忽视孩子的精神诉求，孩子的表现只会越来越"欲求不满"。

有些父母因为内心对孩子有所亏欠，比如因为工作的缘故不能常常陪伴孩子，或是由于复杂的家庭状况，不能给予孩子很好的照顾，往往会以物质的形式来补偿孩子。这种做法也容易把孩子"惯坏"。

孩子的精神需求包括爸爸妈妈无条件的爱、聆听和接纳、鼓励和肯定、玩耍和自由等。只有内心丰盈的孩子，才不会借助物质来填补内心的空虚，成为一个精神上真正富有的人。

8. 多肯定，激发坏孩子内心变好的欲望

情绪剧场：

小虎在教室里踢足球，将窗户踢碎了。爸爸知道这件事后，大声骂道："你怎么这么不懂事……"

小虎哭着说："我不是故意的。"

爸爸听小虎还敢反驳，更加生气："还顶嘴？你知不知道自己错了？！"

……

情绪分析：

即使孩子调皮，是个"坏孩子"，也需要父母的理解与肯定。没有父母的肯定，孩子就难以获得自尊和成就感，也缺乏归属感。

著名教育家陶行知在担任某校校长时，看到一个男生用泥块砸其他男学生，他立刻上前制止，并让男生放学后去校长室谈话。

放学后，陶行知来到校长室，发现男生已经来了。男生以为校长会直接训斥，却没想到的是，陶行知竟然笑着掏出一颗糖，

递给他。陶行知说:"这是给你的奖励,因为你按时来了,我却迟到了。"男生惊讶地接过糖。

然后陶行知又掏出第二颗糖,放到男生手中,说:"我不让你打人时,你立即停手了,说明你很尊重我,我应该奖励你。"男生更加惊讶。

这时,陶行知掏出第三颗糖给男生,说:"我调查过,你砸那些男生,是因为他们欺负女生。我觉得你是个正直善良的人,还有和坏人抗争的勇气,应该奖励!"男生十分感动,他哭着说:"校长,是我错了,我砸的不是坏人,而是同学……"

陶行知满意地点头,他随即掏出第四颗糖给男生,说:"为你能够正确地认识自己的错误,我再奖励你一块糖,我没有更多的糖果了,我们的谈话可以结束了。"

心理学中有一个词叫作"标签效应",就是指当一个人被打上一种标签,加以评论时,他就会改变自我印象,以及自己的言行。

父母如果可以多肯定孩子,以正面积极的词汇评价孩子,孩子就会越发朝着好的一面发展。孩子可以从积极正面的评价感受到父母的信任与支持,满怀自信。与之相反,父母如果对孩子的评价总是负面消极的,孩子受到暗示,就会越来越自卑。有些父母常常骂孩子"真笨""什么都做不好",那么当孩子遇到困难时,他就会想起父母对自己的评价,进而怀疑、否定自己,让自己的行为越来越贴合父母的负面评价。

父母多肯定，才能激发孩子内心变好的欲望。当孩子看到自己有变好的可能性，他会变得更加积极主动。孩子的潜能是无限的，父母肯定孩子某一方面的能力，孩子就有可能发掘出某种天赋。

给父母的情绪管理建议：

父母经常给孩子做出积极而正面的评价，孩子就能变得自信而动力十足，成为一个越来越好的人。

1. 多用正面词汇表达

父母可以用正面词汇描述孩子的行为，明确指出他有哪些优点。比如，孩子读了很长时间书，父母就可以说："你看了半个小时的书，真有耐心。"再比如，孩子正在练习写字，父母可以说："你的字比之前工整多了，看来最近很勤奋啊。"

父母可以通过仔细观察孩子的日常行为，挖掘他的闪光点，把他的行为归结为各种各样的正面标签，比如，有毅力、自制力强、勇敢、有创意、勤劳，等等。

父母也可以让孩子自己陈述他有哪些良好的行为，比如："今天你有做什么可以被夸奖的事情吗？"孩子也许会说："我今天的听写全对了！"父母就可以接着问："那你是有认真复习，对吗？"孩子："是呀，我昨天晚上练了好几遍呢……"

或者，父母可以让孩子说出自己的优点。然后问他："你觉得自己认真，是从哪件事里看出来的？"可以引导孩子把优点写出来或者画出来，放在显眼的位置上提醒他。父母可以不断引导孩子说出新的优点，帮助他全面发展。

2. 把"负面标签"转化为"正面标签"

当孩子被贴上"负面标签"时，父母可以将其转化为"正面标签"，鼓励孩子向好的方向发展。

比如，孩子考砸了，被嘲笑是"傻瓜"，父母可以说："你不傻，我知道你很努力，但你还需要再仔细一些。"

再比如，老师说孩子"上课讲话。"父母可以对孩子说："老师说你上课时有不明白的地方知道问其他同学，很好学。但是在课堂上需要保持安静，你可以把问题记下来，下课再问。"

3. 多观察，多挖掘

父母平时可以多观察孩子，总结孩子有什么优点。父母在观察孩子前，可以根据自己以往对孩子的了解，用几个词概括孩子，把这些词写在纸上，然后把纸撕掉。

父母要抛弃以往对孩子的评价，用一种全新的目光去观察孩子，寻找孩子美好的特质，挖掘孩子更多的可能性。父母可以每隔一段时间就使用这种方法，不断更新自己对孩子的印象。

没有天生的坏孩子，父母看到并肯定孩子的优点，慢慢就会发现你的孩子其实很好。

第五章

情绪疗愈,别让孩子悄无声息地崩溃

1. 情绪也会"饥饿",关注孩子的心灵

情绪剧场:

幼儿园门口,小柔坐在地上号啕大哭,无论妈妈怎么劝说,她都不肯走进幼儿园。妈妈耐心耗尽,大声呵斥:"妈妈要走了,你再不进去,就自己待在这里吧!"

小柔听到这话,更加委屈和愤怒了,她狠狠看了妈妈一眼,就把自己的脑袋朝地面撞去。妈妈赶紧拦下她,只觉得惊魂未定。

情绪分析:

情绪也会"饥饿",当饥饿到失控的地步,孩子就有可能做出自残等极端的行为。情绪饥饿是很常见的心理问题。人们生理上的饥饿很容易被发现,只要及时进食,饥饿状态就会很快消失。与之相对的情绪饥饿却很难补充食物,更难消除。情绪饥饿的人往往空虚无聊、萎靡不振,暴躁易怒⋯⋯

相较于成年人,孩子更容易受到情感饥饿影响。到了孩子两岁之后,自我意识、独立意识逐步发展,还会进入诸如秩序敏感期等敏感期。孩子希望按照自己的意志做事,父母的安排、照顾都有可能让他以为自己的权利被剥夺。孩子的负面情绪随之而

来，但他没有合适的理由、有效的方法宣泄。于是，孩子就会对自己生气。比如，有些孩子稍有不对就打自己，抓自己的头发，拿头撞墙……

很多父母不常和孩子沟通交流，对孩子的经历和想法都知之甚少，而孩子遇到问题也没有主动找父母倾诉的习惯。于是，坏情绪越积越多，孩子心中的缺口也越来越大。另外，孩子承受的压力太大导致难以承受，也会导致孩子萎靡不振，失去对生活、学习的兴趣。

情绪饥饿会对孩子的性格形成造成极其恶劣的影响。

情绪饥饿的孩子在遇到某些事情时，会不自觉地把恐惧、紧张和烦躁的情绪放大。过度的焦虑会使孩子缺乏安全感，稍微不如意，他就变得会暴躁，难以进行理智思考。

情绪饥饿也有可能导致孩子出现抑郁情绪。有些孩子总是形单影只、寡言少语，用冷漠而悲观的目光审视着每一件事。他们让人觉得难以接近，但自己又常常被忽略。父母以为孩子天性内向，但或许是情绪饥饿在作祟。

有情绪饥饿的孩子在受到外界刺激时，往往阴晴不定，难以琢磨。还有些孩子遇到一点儿小事情，就会变得低沉萎靡，甚至开始哭泣。情绪饥饿会让孩子只想独自待在房间中，放任负面情绪不断扩大，而不是和父母谈一谈。

给父母的情绪管理建议：

情绪饥饿的危害不容轻视，那么，父母要如何做才能让孩子的情绪不再饥饿呢?

1. 告诉孩子"爸爸妈妈爱你"

缺乏安全感是孩子情绪饥饿的一个重要原因,因此,父母不妨多对孩子说一些"爸爸妈妈爱你"之类的话,给他补足安全感。父母可以多抱一抱、亲一亲孩子,或者抚摸、轻拍孩子,用语言和行动直接向孩子表达自己对他的疼爱。

另外,父母还需要和孩子保持频繁而稳定的互动,和孩子聊天、玩游戏、外出,等等。父母转换不同的场景去照顾、爱护孩子,也会让他安全感满满。

2. 在小细节上关爱孩子

父母可以坚持每天叫孩子起床,给孩子准备爱心早餐。在孩子出门前,父母可以蹲下来,温柔地叮嘱孩子一两句话,帮孩子整理衣服。

在孩子放学后,父母可以给孩子准备一些垫肚子的零食,和孩子交流这一天双方都过得如何。这方便父母及时发现孩子是否出现了存在感弱的情况,在学校和社会中存在感弱一样会让孩子感到缺爱,父母及时发现,就可以引导孩子解决问题。

3. 及时看到孩子的坏情绪

如果父母已经确定孩子存在情绪饥饿的问题,父母就需要更加密切地关注孩子,及时看到孩子求助的目光。孩子遇到困难时,父母不必立刻帮孩子做什么,只要陪在孩子身边给孩子一些情绪上的安抚就可以了。当孩子情绪低落、紧张时,父母要及时鼓励孩子,让孩子感受到父母的关心和支持。当孩子哭泣、暴躁时,父母要及时接纳孩子的情绪,倾听孩子的心声,帮孩子解决问题。

4. 记录负面情绪

父母可以教孩子记录负面情绪。比如,当负面情绪出现时,我们可以教孩子把自己的心理历程详细记录下来,再给孩子分析出现这种情况的原因。如此,孩子就能了解情绪产生的原因,更好地调节情绪。

只有负面情绪得到缓解、释放,孩子才能避免进入情绪饥饿的状态。因此,父母可以教会孩子正确发泄情绪的方法,避免孩子一味压抑。

一次举高高、一个微笑、一声安慰都可以填补孩子空虚的内心,帮助他远离或摆脱情绪饥饿,父母不妨从现在开始吧!

2. 抑郁不是矫情,是情绪生病了

情绪剧场:

乔明:"妈妈,我心里好烦。"

妈妈:"你才多大,有什么烦恼?"

乔明:"爸爸,我身体不舒服。"

爸爸:"昨天又熬夜了吧?说了多少遍,不要熬夜玩手机,叫你不听,不舒服活该!"

乔明不再说了，他总是无精打采的，对什么都没兴趣。

情绪分析：

如果孩子的负面情绪得不到宣泄，就会一点一点沉积在孩子心中，变为抑郁的情绪，甚至是抑郁症。父母总觉得自己的孩子离抑郁症很远，以为孩子只是一时情绪低落，却不想孩子已经深陷抑郁的泥沼。

患有抑郁症的孩子大多情绪低落，总有哭泣的冲动，还会降低自我评价，觉得自己事事比不上其他人，无论做什么都兴致缺乏。严重时，孩子会只想窝在床上，做什么都觉得没有必要。父母见此，大多都以为孩子是"年纪小，爱瞎想""矫情""懒惰"，以为过一段时间孩子就会自己变好。

抑郁症具有一定隐匿性，很难辨识。有一部纪录片叫作《灯火之下》，主角是患有抑郁症的女孩纯子，她被问及是如何患上抑郁症的？

纯子面露迷茫，说不出具体的时间，只想起来一开始因为学习压力、人际关系压力太大，家庭氛围也不好，出现了许多问题，她的心情不太好。

后来，她心情低落的时间逐渐增长，越来越难以消化压抑的情绪，时常因一件小事而低落一两周，也会因为找不到一支笔而大发雷霆。

接着，纯子发现自己出现了消化不良、头晕等症状。

纯子描述那一段日子"已经不是生活中心情不好了，而是心情不好就是生活的全部。"

病情越来越严重，纯子患上了严重的失眠，每天凌晨4点多才能迷糊地睡着，6点又要去上学，在学校上课状态也很差，就是趴在桌子上神思恍惚地发呆。

因为长期睡眠不足、情绪压抑，纯子开始注意力涣散，走在路上常常摔跤、扭伤脚，过马路也不知道躲车……

然后，纯子脑子里开始蹦出些奇怪的想法，比如死亡。纯子试图求助老师，老师说："小姑娘家家，说什么活不下去，没事出去跑两圈就好了。"绝望的纯子去医院就诊，被诊断为抑郁症。大部分孩子在出现抑郁症倾向时，都被会误以为是矫情。纯子也表示"精神疾病更多的是一种无形较量，身边的人都会对患者产生很大的影响，希望大家能够给予抑郁症患者更多的关注和陪伴，少一些质疑。"

给父母的情绪管理建议：

抑郁不是矫情，只是孩子的情绪生病了，这是可以治好的。父母不妨参考以下建议，帮助孩子早日摆脱抑郁情绪。

1. 细心观察

心理学家阿德勒认为，人生的意义就是寻求归属感和价值感。人一生中面对的所有痛苦可以归因为归属感和价值感。有研究显示，容易让孩子失去归属感和价值感的情况主要有六个，分别是：家庭矛盾、学业压力、师生关系、心理问题、情感问题、校园霸凌。父母不妨仔细观察孩子有没有可能遭遇了这些问题，及时发现，尽早解决问题。

2. 主动询问孩子

当发现孩子情绪低落的时候，特别是持续两周以上时，父母需要表现重视的态度，但不要过于紧张。父母可以平静地问孩子："发生了什么事情？"父母要尽可能地引导孩子说出真实想法与感受。父母要先对孩子的想法表示理解，如果孩子情绪不好，父母要接纳孩子的情绪，然后帮孩子分析他所面临的问题，从根本上解决问题。

3. 解决不了找心理医生

如果孩子出现严重的抑郁情绪，父母最好送孩子去看心理医生。即使孩子没有心理疾病，父母也可以定期带孩子做心理辅导，心理咨询师有很专业的情绪发泄方法和设备，可以帮孩子定期清扫心灵中的垃圾。

孩子低落、抑郁，父母不妨用自己的爱让孩子看到生活的美好，重拾快乐的心情。

3. 别让你的"焦虑"，成为压垮孩子的稻草

情绪剧场：

妈妈："怎么又在玩游戏？"

阿庄："我就玩一会儿。"

妈妈："天天就知道玩游戏，怎么考上高中？你知不知道现在

有一半学生上不了高中？"

阿庄："不玩了，行了吧。"

妈妈："不是妈妈不想让你玩，是你不知道现在竞争多激烈。就算你能勉强能上个高中，能考上好大学吗？上一个三流大学拿什么找工作……"

阿庄："别说了，头疼。"

情绪分析：

在一部名叫《没有起跑线》的纪录片中，有位妈妈介绍，香港的名校竞争激烈，有的学校甚至一年只收10个学生，并且这10个孩子必须是在1月出生。因此，有些父母为了让孩子可以进入理想的幼儿园，连受孕的时间都会提前规划好。孩子还没有出生，竞争已经开始了，如此激烈的竞争怎能不令父母心生焦虑。

还有妈妈在网上发布文章，列出给上小学六年级的孩子报暑假补习班要花多少钱。这位妈妈一共报了十几个补习班，语数外、计算机、书法、乐器、体育无所不包，一个多月就花了八万多元。很多父母看到这些信息，再看自家这只知道憨吃憨玩，作业都不认真写的孩子，焦虑的心情就再难以抑制住了。于是，父母把自己的焦虑转化为孩子的压力，别人家的孩子学什么，自己的孩子也要跟着学，决不能被落下。父母对孩子怀有过高的期望，而这种期望往往与现实情况存在落差，焦虑也就随之而来。

父母焦虑，他们日常的言行举止就会给孩子造成消极影响。

比如，父母频频将眼前的落后、不完美与孩子的未来联系在一起。父母将孩子的每一道作业题、每一次考试夸大，似乎孩子有一点儿做不好，将来就会变成一个失败者。焦虑情绪侵占了父母的大脑，使父母一味追求成绩。但面对如此极端的父母，孩子也会感到有压力、焦虑。

焦虑的父母往往难以忍受孩子出错，达不成自己的期望。父母习惯将自己的孩子与别人家的孩子放在一起比较，父母会不断地给自己的孩子施压，不断要求孩子进步。久而久之，父母只能注意到孩子的缺点、不足，对孩子的优秀一面视若无睹。久而久之，孩子就会生出自卑情绪，觉得自己比不上其他同学，没有学习的天分。有些孩子见自己一直达不到父母的要求，就会生出负担感。

父母的焦虑行为在孩子看来，就是父母把对未来的期望压在自己身上，自己是为父母而活。孩子会生出抵触情绪，想要反抗父母，亲子关系会越来越僵硬。而父母不能给孩子的成长以助力，反而会给孩子一种负担。

给父母的情绪管理建议：

那么，父母如何才能克服焦虑情绪，避免将焦虑情绪传染给孩子呢？

1. 看到孩子的优点

一位家长在一篇文章中写道，她的女儿成绩中等，班级50名学生，她总排在第23名左右。她曾经特别焦虑，看到别人家的孩子优秀，就羡慕得不行。女儿的班主任开解她，她的女儿乐于助人、乐观幽默。这个家长听完就释然了，她知道女儿长大后，会成为贤淑的妻子、温柔的母亲、热心的同事、和善的邻居。在以后的岁月里，她能安然地过着自己想要的生活，自己完全不需要为女儿操心。

父母看到孩子的优点，告诉自己，学习落后不代表不会拥有幸福的人生。

2. 转移注意力

父母想摆脱焦虑情绪，可以尝试转移自己的注意力。比如，周末带孩子出去玩。父母也可以自己出去玩，或者放孩子出门，与孩子进行物理隔离。

3. 不反复叮嘱

当孩子要参加重要考试时，很多父母都会反复问孩子："有没有准备好？""需不需要再看看书？"如此，原本不紧张的孩子也会感到焦虑。父母如果想要询问孩子，一次就足够了。

还有一些父母，为了让孩子不紧张，考前整天对孩子说："别紧张，放松点。"睡前对孩子说："好好睡觉，不用紧张。"上考场时对孩子说："别紧张，我们要轻装上阵。"

父母想减轻孩子的压力，却让气氛更加紧张了。父母的叮嘱太多，也会让孩子产生"爸爸妈妈想让我考好，就对我很关心"的想法，于是孩子也跟着紧张起来了。

父母不要总盯着孩子的现在，现在的成绩或许可以决定他以后的高度,但一个好的心态却关系着是否后继有力。

4. 不必"牺牲",用恰到好处的爱滋养孩子

情绪剧场:

自从笑笑出生,妈妈就辞去工作,全心全意培养笑笑。笑笑不负妈妈的培养,学习成绩优异,各个方面都出类拔萃。

但有一段时间,笑笑开始排斥学习,作业也是敷衍了事。妈妈气道:"为了你,我成了一名家庭主妇,你不好好学习,对得起我吗?"这样的话笑笑听过很多次,她知道妈妈为自己付出很多,她既内疚又厌烦……

情绪分析:

父母在养育孩子的过程中,很容易产生错觉,将孩子的人生当作自己的人生,觉得孩子将来出人头地,自己的人生有也能跟着翻盘。所以,为了让自己和孩子一起走向人生巅峰,父母就为孩子倾尽所有,同时也将所有的压力都放在了孩子身上。

父母的牺牲与付出感动了自己,也把孩子放在了索取者的位置上,并理所当然地认为自己做的所有事情都是为了孩子好。这类父母总爱在孩子面前强调自己的牺牲,以此来要求孩子懂事一些,孝顺一些。

但一旦孩子让自己失望了,父母就会有强烈的心理落差。类似于"我付出这么多,最后就得到了这么个孩子?"做出牺牲的

父母对待孩子，就像对待一件花高价买回的物品一样，一旦买回来后却发现这件东西不值那么多钱，就会为自己的"损失"耿耿于怀。

但养孩子与买东西最大的不同就是，孩子有自己的思想，父母一厢情愿的付出，对孩子来说就是一场强买强卖。而父母则会想尽办法，让自己的牺牲可以得到相应的回报。父母会无视孩子的意愿与感受，强迫孩子去做根本不想做的事情。甚至，有些父母还会想要掌控孩子的人生，替他来做一切重大的决定。

韩国作家李柳楠的一儿一女品学兼优，但突然有一天，孩子们都不肯去上学了。李柳楠十分痛苦，她对孩子们怒吼："我哪里做错了？我是怎么把你们养大的？有想去的地方没有去，看到好吃的东西，要忍住不吃，想买的东西也不买，你们难道看不见吗？"

孩子们则回击："谁叫你这样了？是你自己喜欢才这么做的。妈妈要去玩的时候，我们有不让你去过吗？想买东西的时候，我们有不让你付钱了吗？"

辛苦赚钱培养孩子，无微不至地照顾孩子是父母的选择，孩子却往往因此而满怀愧疚，倍感压力。这种道德绑架让孩子不得不听话、懂事，但这只不过是一种假象，背后是孩子的委曲求全。

美国作家苏兹·卢拉在《母亲进化论》中写道，一个内心匮乏、不能照顾好自己的母亲，就如同一辆油箱空了的汽车，无论你多么使劲地踩油门,都不过是在"空转"。最重要的是,父母一直做出牺牲,压抑自己的需求,很容易感到疲惫,变得极端。消极的父母不可能给孩子正确的引导,让他获得健康的爱。

如果父母喜欢强调自己的牺牲,并以此要求孩子妥协,孩子很有可能变得越来越叛逆。孩子的行为与性格发生很大的改变,甚至有些孩子会觉得父母不理解自己、不爱自己,于是做出更加极端的事情,以此来向父母宣战。

给父母的情绪管理建议:

心理学家曾奇峰说:"父母是什么样的人,远比父母做了什么更重要。"父母不焦虑,孩子才会更从容。

1. 告诉孩子"这是爸爸妈妈自己的选择"

网上流传过这样一个视频,李楚豪是一名初三学生,他说父母在他很小的时候就离婚了,他跟着妈妈生活,母子二人从农村老家搬走,来到城市生活。学费、生活费……城市巨大的开支将妈妈压得喘不过气。

为此,妈妈在足疗店做按摩师,在酒店当服务员,有些时候,他们实在没钱只能厚着脸皮四处借钱。李楚豪边说边流下眼泪,他请求妈妈照顾好自己,保证他会努力学习,不会羡慕家境优越的孩子,因为妈妈非常爱他。

但妈妈却说:"外人觉得妈妈辛苦,但妈妈一点儿也不觉得辛苦,因为妈妈有你。你要做一只快乐的小鸟,你不能为了我生活,你要为了你自己生活,你有自己的蓝天。"

父母为孩子付出很多，这其实是父母自己的选择。而孩子要怎样生活、学习，是孩子自己的事情。父母要清楚地告诉孩子："这是爸爸妈妈自己的选择，你不必觉得有负担。"

2. 划清界限

父母需要划清工作与生活的界限，工作尽量在办公室做完，回家就多陪孩子，适当放松一下。

父母上班时专心致志，发挥职业价值，从中获得成就感与自信，愉悦的情绪传递给孩子。下班后，只要父母给予孩子高质量的陪伴，即使相处的时间变少，孩子也可以获得更快乐的体验。与其彼此折磨地度过三五小时，不如轻松快乐地享受半小时。

3. 有自己的生活

很多女性在成为妈妈后，会把大量的精力花费在孩子身上，她们眼里看到的，嘴里说的大多都是孩子。久而久之，妈妈们就会有种丧失自我的感觉，与朋友逐渐疏远，跟丈夫也只能说孩子的事情，情感、交友都面临危机。

父母可以做一些自己喜欢的事情，约朋友出去玩也好，自己找些有趣的事情做也好。父母需要在陪伴孩子之余，给自己休息、调整的时间。

对孩子而言，父母过度的牺牲不是爱，而是难以承受的负累。父母和孩子之间，谁也不需要为谁做出牺牲，一起过好各自的人生，就是最大的圆满。

5. 经常和孩子聊聊学习之外的趣事

情绪剧场：

阿山兴高采烈道："今天篮球比赛，我们得了第一。"

妈妈："是吗？你要是能在学习上这么用心，准能在班上排前三。"

阿山脸上的热情不见了，没说话。

妈妈："饿了吧？赶紧吃饭，昨天的练习册还没做完。"

情绪分析：

在和孩子沟通时，很多父母都会情不自禁地说起学习。这种沟通的目的性非常明显，就是单方面灌输，告诉孩子学习有多重要，你需要努力。父母觉得自己给予孩子关怀，但这正是孩子最厌烦的沟通模式，不仅没有什么教育意义，还不能加深感情。

孩子上学后，和父母的相处时间就会大大减少，而在学校学习则成了他生活的重心。因此，父母想要关心孩子，总会顺理成章地拐到学习上。这本来没有错，但有些父母却将学习当作孩子生活的全部，觉得和孩子的沟通时间有限，关心孩子的学习，就能了解孩子一天过得怎么样。

其实，父母只和孩子聊学习，就和其他人一直问你的工作一样。这虽然很重要，但显然不是一个人们喜欢一直说的话题。父母总说学习，很难引起孩子的兴趣。久而久之，孩子会越来越抵触，和父母说话时，要么敷衍了事，要么沉默以对。

有些父母也想和孩子聊一聊学习以外的话题，但只能笨拙地一遍又一遍地和孩子聊学习。这在一定程度上能加重学习在孩子心目中的重量，但也有可能让孩子觉得自己不受信任，他会生出逆反情绪，越来越厌恶学习。

还有一些父母则是把聊学习变为说教，摆出高孩子一等的姿态，唠唠叨叨地说道理、批评劝导。如此，孩子就会把聊天与"挨批评"画上等号，讨厌和父母沟通。

其实，孩子在学校度过了大部分的时光，他内心是喜欢和父母分享学校生活的，也需要父母用其他话题来缓解学习带来的紧张情绪，体验完全有别于学校的家庭生活。因此，父母不妨多多倾听，和孩子聊一聊学习以外的事情。

给父母的情绪管理建议：

孩子能通过社交学习，从与令他感到安全的人身上学到许多课堂之外的知识，而父母就是最佳人选。"闲聊"不仅可以拉近亲子间距离，还可以对孩子进行启发式教育，留出一段时间"闲聊"绝不是浪费时间。那么，父母究竟要怎样和孩子聊天呢？

1. 多使用肢体语言

当孩子希望父母对自己的话题给出回应时，比如孩子吐槽自己的经历，"露露每次考了一百分都要炫耀，还要问别人的分数，真讨厌，"此时，父母无论是说教，还是和他一起吐槽，说炫耀是不被人喜欢的行为，其实都不能算最好的教育方式。那父母应该怎么做呢？

心理学研究发现，很多时候肢体语言能够表达比口头语言更丰富，更贴切的意思，父母不妨耸耸肩或者一摊手，孩子自然能心领神会。

2. 由孩子主导话题

当父母找到孩子感兴趣的话题时，孩子刚开始一定很有谈兴，这时父母就要趁机让他主导话题。"今天小胖……""这个演员……""火星……"无论孩子说了什么，父母都马上表现出浓厚的兴趣："是吗……""原来是这样啊，那你说……"

另外，孩子的话题父母可能不够了解，父母可以一边通过孩子了解，一边自己做功课，争取能跟上孩子的话题。

3. 聊孩子感兴趣的事情

父母可以多和孩子聊一些他感兴趣的事情，这会让孩子觉得：爸妈是关注我，想要了解我的。这不仅能拉近彼此之间的关系，让孩子更愿意和父母沟通，还能保证孩子兴趣的良性发展。

父母可以在沟通开始前就要想好话题，照顾孩子的兴趣。因为孩子大多会觉得"爸妈不可能理解我的兴趣，聊也聊不到一起。"所以，父母想要消除这种"刻板印象"，就要通过观察找准孩子的兴趣所在。

不要让自己和孩子的话题只剩下学习，不谈学习，也许你就会发现一个更鲜活、更快乐的孩子。

6. 给孩子空间，去消化自己的情绪

情绪剧场：

微微放学回家，妈妈让她品尝小蛋糕。微微说："不要"，然后跑到房间里关上门，并落了锁。

妈妈一边敲门一边问："怎么不开心了，宝贝？"

微微在里面不应声，妈妈在外面急得团团转。

情绪分析：

父母在看到孩子闹情绪时，总觉得自己需要做些什么，让孩子高兴起来。父母不忍心看到孩子闷闷不乐的小脸，送零食，给玩具，带他出去玩……父母希望孩子马上扬起笑脸，实则却缩减了孩子消化负面情绪的时间。

父母喜欢用这种方式来表达我们爱孩子，却忽略了自己与孩子之间的情绪是有界限的。孩子有负面情绪，是一件很正常的事情，他需要学会如何消化自己的情绪。父母的干涉会使孩子养成逃避现实的习惯，让他以为负面情绪可以交换自己想要的东西，或者实现某些心愿。父母都想给孩子构筑一个无忧无虑的童年，但并不代表可以鼓励、纵容孩子回避负面情绪。

有网友曾经说过，很希望在家里有一个可以哭的地方，作为心情不好时的避难场。心理学家认为，只有当个人空间不受侵犯，个人隐私得到充分尊重，才能保持情绪平和，怀有安全感。孩子也是如此，当他独自处理负面情绪时，父母却强插进来，一

定要寻根究底，让他转变情绪，孩子很有可能会感到焦虑不安，有些孩子甚至会对父母怀有抵触心理，甚至因为更加糟糕的情绪，拒绝和父母沟通。

如果孩子只需要一个喘息的空间，父母的干涉或许可以让他一时心情好转，但孩子的负面情绪并没有消除，只是被压抑了而已。孩子回头想起事情来，还是会心情变差。

父母不妨允许并接纳孩子的负面情绪，给孩子一些空间，让他自己消化一会儿负面情绪。

给父母的情绪管理建议：

父母应该给孩子一些空间，让他感受、认识负面情绪，并练习自己平复下来。孩子每一次消化情绪成功，他对情绪的掌控力就得到了进一步的提升。

1. 等孩子发泄完再开解孩子

父母可以在孩子发泄完情绪之后，及时帮孩子梳理整件事情，开导孩子的情绪。这种尊重的态度，会让孩子更乐意与爸爸妈妈倾诉。

在孩子的情绪得到一定的发泄后，就能够重新进行理性思考，清楚表达自己的感受、想法。这时，父母就可以问问孩子生气的原因，然后进行适当的劝慰，教导孩子不要对着一件事情耿耿于怀。父母理性客观的分析，体贴包容的劝解能够让孩子逐渐远离负面情绪的影响。

2. 教孩子接纳情绪

高兴、愤怒、沮丧、愉悦只是每个人都会产生的情绪，情绪本身是不分好坏对错的。父母要让孩子知道有负面情绪是正常的，是可以自我调节的。

父母只需要告诉孩子：你的情绪你可以自由支配，只要你可以承担相应的结果。父母可以给孩子一些建议帮助他消化情绪，比如做运动，或者捶枕头几下。

另外，孩子如果年纪较小，不具备调节情绪的能力，父母不妨采取转移注意力的方法，让孩子直接忘记令他不开心的事情。

3. 主动远离孩子

当孩子有负面情绪，却没有交流的欲望的时候，父母可以找个借口远离他。等孩子发泄过后，再回来安慰孩子。父母可以什么也不说，拍一拍孩子的背，摸一摸孩子的头，或者抱抱孩子。

孩子的情绪只能由他自己处理，父母给孩子留有空间，让孩子亲身上阵，才能让他学会如何处理负面情绪。

7. 孩子情绪低落？和孩子一起做运动

情绪剧场：

琪琪考砸了很低落，妈妈便带着琪琪一起去跑步。

琪琪跟着妈妈跑了半个小时，心里那些沉甸甸的东西，似乎也随着汗水消失了。

情绪分析：

父母用运动来调节孩子低落的情绪，这种做法是有科学理论依据的。柏林自由大学的学者曾做过这样一个实验，他们追踪了12位抑郁症患者，要求这些患者每天运动30分钟，并逐步增加运动量。10天过去，研究人员发现有6名患者的抑郁情况大有改善。

运动之所以有这样的神效，是因为人们在运动时，身体会产生多巴胺、内啡肽这两种激素。内啡肽具有止痛效果，可以让人产生欣快感，对舒缓心理压力有显著的功效。缺乏内啡肽会使人感到痛苦，产生抑郁情绪。多巴胺则是一种能让人感到快乐的化学物质，有了多巴胺，低落的情绪就会一挥而散。

孩子如果长期受低落等负面情绪影响，身体就会长期处于战斗、逃跑的状态，分泌出过量的肾上腺素和甲状腺激素，使孩子变得紧张。运动可以加速代谢这两种激素，将沮丧低沉的情绪一同发泄出去。

运动不仅可以调节情绪，还可以帮孩子塑造性格。坚持运动可以锻炼孩子的忍耐力，逐步突破自我的极限。一些胆小、自卑、容易紧张的孩子可以通过运动，变得更有自信，更加勇敢坚强。运动可以让孩子拥有健康的身体、良好的体型体态、充沛的精力，孩子会对自我的评价更加积极。

运动也是帮孩子融入集体的好方法。很多运动都需要多人协作，孩子在运动过程中去与他人沟通交往、增进友谊，在一定程度上消除孤独感。

父母与孩子一起运动，陪孩子一起超越身体极限，更是一种高质量的陪伴。特别是竞技类的运动，父母既可以是孩子的队友，也可以是孩子的对手，陪伴孩子一同体验各种各样的情绪，紧张、快乐、失望、兴奋……渐渐地，孩子就能认识并掌控情绪了。

给父母的情绪管理建议：

孩子运动的话，最好做到长期、有规律、强度适宜，父母不妨引导孩子科学运动。

1. 控制运动强度

父母可以控制孩子运动的频率。有研究证明，刚开始运动时，每周坚持3到4次，保证总运动量不低于4185.85千焦，有利于孩子养成习惯。父母还可以让孩子使用运动手表等心率检测仪来控制运动强度，避免孩子进行心率过高的运动。一般来看，最大心率为50%到60%的运动比较适合孩子。

2. 控制运动时长

父母可以根据孩子的情况，自由调整单次运动的时长，30～45分钟最为合适。

欧洲有研究显示，即使孩子患有与基因相关肥胖症，每日锻炼1小时也能在一定程度上避免肥胖。只是，每天1小时的运动量，对超重的孩子而言是十分困难的。所以，父母不妨循序渐进。比如，刚运动时，孩子可以只运动5～10分钟。这时，父母就和孩子打羽毛球，打几个回合就休息一段时间。这样，既不会损害孩子的身体，也能让孩子保持对运动的热情。

3. 让孩子获得"流畅感"

在运动过程中,如果人们能够全情投入,陷入忘我的状态,体验过程就会充满乐趣与享受,并对运动过程生出控制感,这就是"流畅感"。获得流畅感,是让孩子对运动上瘾的好方法。

父母为孩子选择他感兴趣的运动,陪他进行合理难度的训练,不干涉孩子发挥,让孩子玩尽兴,就有很大可能获得流畅感。

另外,父母可以让孩子多接触娱乐性较强的运动,减少躲避球、赛跑等淘汰制运动。因为一旦孩子屡屡被淘汰,他很可能会迅速丧失对运动的兴趣,产生抵触情绪。而娱乐性运动更富有趣味性,能给孩子带来更好的运动体验,激发孩子的运动热情,既方便实行,也有利于孩子坚持。

4. 避免运动损伤

经常发生在孩子身上的运动损伤有扭伤、拉伤和骨折,这大多是因为不正确的运动动作和运动过度。在和孩子运动前,父母不妨提前做好准备

父母需要购买适合孩子的运动装备,并根据孩子的发育情况随时更换。开始运动前,父母一定要让孩子做热身运动。父母可以让孩子在运动过程中做增肌训练,结实的肌肉可以保护孩子骨骼。父母可以让孩子在运动途中休息一会儿,防止孩子疲劳过度。父母还需要注意天气的变化,天气过冷、过热或者路面湿滑都有可能让孩子受伤。

如果孩子在运动过程中，出现身体疼痛的情况，父母要让孩子立刻停止运动。如果孩子在运动后，身体部位稍微疼痛或肿胀，父母应该立刻送孩子就医。

运动可以使孩子摆脱负面情绪，而父母陪孩子一起做运动，则可以让他幸福感翻倍。

8. 和孩子玩到疯的亲子游戏，最具治愈力

情绪剧场：

小珊无聊地盯着电视，爸爸见状邀请小珊和他一起玩玩拍气球。小珊拍一次，爸爸拍一次……没一会儿，房间里就充满父女俩的欢笑声。

情绪分析：

"妈妈，你陪我玩老鹰捉小鸡的游戏吧？"

"爸爸，你和我玩捉迷藏的游戏吧。"

"妈妈，我们一起玩过家家吧。"

……

几乎所有的父母都收到过类似的邀请，面对孩子的请求，父母是怎么做的呢？大多数父母都选择了拒绝。因为在大人眼里，小孩子的游戏实在是太弱智，太无聊了，哪里比得上自己手机里的刺激游戏？

于是，他们的第一反应就是找借口拒绝，比如"爸爸太累了，

你自己玩儿吧""妈妈现在要在去做饭。""乖,妈妈现在有事,等会再陪你玩。"有时候,父母甚至觉得孩子是在无理取闹,自己上班一天都累死了,哪里有精力陪孩子游戏?

父母即便答应孩子参与游戏,也是硬着头皮勉强为之,他们会因为孩子要求反复玩一个简单的游戏而烦躁,只想尽快敷衍完事,而难以投入。

游戏是孩子表达情绪、想法和行动的工具,而爸爸妈妈的陪伴和参与能够增加孩子的安全感和游戏的灵感,使孩子玩得更尽兴、更快乐。

《游戏力》的作者美国心理学家劳伦斯·科恩博士认为,和孩子一起玩,是亲子沟通的桥梁,是建立亲密关系的最佳方式。因为游戏可以让父母看到孩子行为背后的需求,感受到孩子情绪变化,同时也将父母的爱传达给孩子。

此外,父母陪孩子打打闹闹,也可以让孩子宣泄攻击、暴力的情绪。有心理学家发现,经常与人打闹的孩子比其他孩子相比,更少有暴力行为,在人际交往与学业上的表现也更加优秀。

拒绝一次孩子的邀请,就等于拒绝了一次和孩子沟通的机会。所谓高质量的陪伴,并不是你每天待在孩子身边做一名监管者,而是成为孩子游戏的热情参与者,和孩子一起享受快乐,增进感情。

给父母的情绪管理建议:

那么,父母该如何与孩子玩游戏,让孩子既尽兴,又有所收获？

1. 以孩子为主导

父母可以以平等的姿态与孩子做游戏，让孩子来做主角。即使孩子遇到困难，父母也可以引导孩子克服困难，以商量的语气教会他如何解决问题。比如，"要不要试一试……"

在做游戏时，父母需要避免过多地指挥孩子，让孩子对游戏失去兴趣。

2. 玩有趣的游戏

父母可以选择一些有趣的游戏，带孩子一起玩耍。

（1）一起打电话

孩子喜欢模仿父母，父母又经常会在孩子面前打电话，所以孩子大多都对打电话抱有兴趣。父母可以给孩子一个电话，然后父母自己拿一个电话，相互打电话，也可以给想要打电话的人打电话。

父母可以用夸张滑稽的语调，在电话另一端与孩子沟通。父母可以将电话内容录下来，再放给孩子听，可以让孩子快乐加倍。

（2）袋鼠蹦蹦球

孩子双腿夹住大小适宜的气球，模仿袋鼠一样蹦蹦跳跳。然后，父母可以给孩子下达不同的指令，比如：向前蹦，向右蹦跳，或者与孩子一起比赛谁跳得更快。

（3）接球大作战

父母手持纸杯，让孩子往纸杯中投掷乒乓球。以五次或十次为一轮，一轮结束，交换位置，比赛谁投得最多。

（4）气球颠颠颠

一个气球可以给孩子带来很多快乐。父母可以用白纸做一个上宽下窄的纸筒，与孩子一起用纸筒颠气球。

（5）脱掉袜子

父母可以在床上与孩子玩这一游戏。首先，父母与孩子先穿好袜子，面对面坐好，可以盘坐也可以用其他坐姿，但不可以把双脚放在身后。游戏过程中，双方只能用双手触碰对方小腿以下的位置，谁先脱掉对方的两只袜子，谁就获胜。

（6）飞毯摇篮

爸爸和妈妈两个人抓住毯子或被单的四角，孩子可以坐在中间。然后父母就可以抬起毯子，带着孩子左右摇摆，孩子就能体会到飞一般的感觉。

（7）角色对调

很多孩子都喜欢玩角色扮演游戏，而在《游戏力》一书中则提出了"角色调换"，即孩子扮演相对强势的角色，而父母则扮演相对弱势的角色。一方面，父母可以借助弱势角色，代替孩子释放负面情绪，比如，恐惧、紧张、忧郁、无奈，等等。另一方面，孩子扮演强势的角色，可以平衡之前因被强迫而造成的糟糕心情，帮助孩子恢复自信心。

尽情玩游戏是孩子的特权，也是孩子成长的一种重要方式，父母不妨与孩子一起疯狂玩耍，在欢笑与尖叫中拥抱彼此。

第六章

锻炼心理弹性,让孩子告别玻璃心

1 陪孩子庆祝成功，也陪孩子庆祝失败

情绪剧场：

小胖垂头丧气地从篮球场上下来。

爸爸："输了就垂头丧气，这可不好。"

小胖不满道："那输了，还高兴不成？"

爸爸："不想输，就好好练，输不起怎么赢得起？"

情绪分析：

大部分孩子都只喜欢成功，却很难接受失败。从儿童心理学的角度来分析，这是非常正常的。在年幼的孩子心中，不管是什么事情，他们总希望自己可以做到最好，强过其他人，得到大家的认可和夸赞。但孩子的思想一般都不成熟，他们并不了解自己有强项，也有弱点。因此，一旦收获失败就会很不高兴，甚至哭闹耍赖。

面对失败，即便是父母也难免失落，只是父母懂得掩饰和自我调节。但年幼的孩子既不知道要调节情绪，也不明白如何正确地表达感受，于是就有了"输不起"的表现。

《给孩子的五项学习帽》的作者付立平在书中也讲过这样一

个故事。女儿练习跳舞时，因为一个动作做得不够好，开始情绪低落。付立平见状赶紧给女儿加油打气："你很努力，这个动作比昨天要更好。妈妈相信你，只要继续练下去，一定可以跳好。"女儿听到这话，却绷不住哭了起来。过了一会儿，女儿抬起头问妈妈："妈妈，要是我怎么练都跳不好，该怎么办？"

付立平在书中坦言，在那一瞬间，她差点儿就说出了："怎么会呢？"

所幸，她马上就意识到了错误：原来很多时候，父母比孩子更加在乎成败，更接受不了孩子怎么努力也做不到。

父母大多都只教导孩子如何成功，但却没有告诉他失败也是好的，这边传达给了孩子错误的信息，让孩子在失败面前丢盔弃甲。

很多父母没有要求孩子一定要争第一，但"争取""努力""尽力"这些字眼，却会让孩子误以为"爸爸妈妈觉得我是有能力做到的。我没有做到，是因为没有努力争取。只要拼尽全力，我就一定能做到。"

并且，有些孩子每次成功后，都会得到父母的鼓励和肯定时，久而久之，孩子对自己的要求就变成了"一定要成功。"有些孩子越是不接受失败，就越是害怕失败，他们会想尽办法逃避失败的可能性。甚至有些孩子会干脆放弃努力，不做事自然就不会犯错。于是，这些孩子就一直待在自己的舒适圈里，既不能提高能力，又变得越来越玻璃心。

在白手起家建立塑身内衣帝国之前，萨拉·布莱克利曾是一名传真机推销员。萨拉介绍，父亲的教养方式对她产生了很大的影响。"我们家有一个传统，就是每天都要庆祝失败。"萨拉说，在吃饭时，父亲就会问孩子们："你们做了什么失败的事情了吗？"一旦孩子说了自己的失败经历，父亲就会为这件事庆祝。

但如果孩子们没有什么失败的事情，父亲就表现得很失望。

萨拉记得自己曾经开心地告诉父亲："爸爸！我试着做这件事，结果可惨了！"

父亲则与她击掌，并说："祝贺你，继续吧！"

父亲的言行让莎拉对失败的认知与众不同，对她而言，没有尝试才是失败，而尝试不出好的结果则不算失败。

陪孩子庆祝成功，也陪孩子庆祝失败，父母要用自己的行动让那孩子明白，失败不是耻辱，而是值得庆祝的成长勋章。

给父母的情绪管理建议：

古语有云"得意默然，失意泰然。"父母不妨及时关注孩子在面对成败时的表现，给予正确的引导，使他无论遇到什么问题都能从容以对。

1.给孩子创造失败的机会

父母不需要刻意让孩子失败，只要多给孩子安排一些有挑战性的活动即可。父母可以和孩子玩一些看运气的小游戏，让孩子接触到失败。父母也可以根据孩子的能力，安排一些对孩子来说稍微有些难度的任务或者是团体比赛，加大孩子失败的积累。

在孩子尝试的过程中,父母要对孩子保持同样的态度,无论孩子成功还是失败都要给予鼓励。并且,父母不要鼓励孩子去争取好结果,给孩子加油鼓劲,只要肯定孩子努力的行为就可以了。父母也可以多多鼓励孩子享受游戏或者比赛的乐趣。

2. 让孩子看到不变的态度

孩子失败时,情绪必然不好,此时,父母不妨给他一如既往的喝彩与支持,让孩子明白他已经战胜了自己,在父母心中他是最棒的。

如果父母向孩子做出了"你要是能……我就给你……"这样的承诺,那么即使孩子失败了,父母也可以给他一样的奖励。或者在做出承诺后,加一句"当然,只要努力了,就算是没有……我也会……",让孩子看到父母对他的爱是没有条件的,孩子自然会减少压力。

年幼的孩子还无法从容地面对失败,父母给他一些掌声,给孩子踩着失败继续向上的动力。

2 该表扬就表扬,该批评就批评

情绪剧场:

毛毛使劲踢了狗狗一脚,爸爸要批评他,妈妈说:"算了,他还小,就是闹着玩。"

毛毛拿剪刀把妈妈的衣服剪破了,爸爸要批评他,妈妈说:

"算了算了,他还小,不懂事。"

……

情绪分析:

很多父母觉得孩子年龄还小,缺乏心理承受力,批评会打击孩子的自信心。于是奉行"赏识教育"频繁地夸赞孩子。比如,孩子吃了一口饭,父母就说:"宝宝真棒!"孩子写了一个字,父母就要竖起大拇指:"太聪明了!"不管孩子做什么事情,父母都大肆夸奖,却只字不提孩子自身存在哪些问题。

赏识教育的确有很多好处,但过度了就是坑孩子。斯坦福大学著名心理学家卡罗尔·德韦克说:"一味地表扬,会让孩子的成绩变得更差!"一味表扬也会把孩子养得骄纵跋扈,不知道天高地厚。如果把孩子比作小树苗,表扬就是给树浇水,一味浇水只会把树淹死。

如果仍把孩子比作小树苗,那么批评就是帮树苗修剪枝枝杈杈,以保证树苗笔直向上生长,避免长歪。

网上流传这样一个视频,一个男孩在公交车上抓着吊环做引体向上,旁边的妈妈不仅不阻止,还鼓励孩子去做。当司机制止男孩这样做的时候,妈妈恼羞成怒,指责司机管得太宽了,还投诉司机。

明明孩子错了,也不批评,这样的孩子长大以后可想而知。

当然,批评也不能过度。过于负面、严厉的批评带给孩子的危害,要远远超过错误本身。如果孩子犯点儿错误就被骂得狗血淋头，他就会渐渐变得胆小畏缩，什么都不敢尝试。处于成长关键期的孩子需要表扬，也少不了批评。二者相辅相成，孩子才会明白自己哪里做得对，哪里做得不对，才能正确判断自己的行为，具有明辨是非的能力。

给父母的情绪管理建议：

该批评批评，也要避免批评对孩子的伤害，掌握正确的批评方式很重要。

1. 对事不对人

孩子害怕挨批评，很大的一个原因是孩子以为，挨批评就说明我这个人有问题。孩子将批评与羞耻联系在一起，自然不愿意挨批评。粗暴的批评会让孩子陷入自我否定的漩涡中，自我价值感大大降低。

因此，父母在批评孩子时不妨对事不对人。父母避免说类似于"你这孩子……"这类话。可以说："我相信你不会无缘无故这样做，但这个行为……"孩子感受到了父母的尊重与理解，抵触情绪就会慢慢消解，更愿意反思并改正自己的错误。

2. 压低声音

父母可以用低于平时说话的声音批评孩子，低声更容易引起孩子的注意，也容易让孩子保持冷静、严肃，这比父母大声训斥的效果要好得多。

3. 保持沉默

有的孩子做错事情时，总担心父母会批评责备他。一旦父母批评几句，孩子就会有如释重负的感觉，而且父母批评的次数多了，孩子也会对批评产生"抗体"。与之相反，父母对孩子的错误保持沉默，适当留白，就有可能让孩子感到紧张与不自在，进一步地反省自己的错误。

4.不在错误的场合批评

父母批评孩子可以尽量避免以下场合，防止孩子被批评伤到：

在清晨批评孩子，可能会影响孩子一天的好心情；

吃饭时批评孩子，会影响孩子的食欲，长此以往不利于孩子的身体健康；

睡前批评孩子，会影响孩子的睡眠质量，不利于孩子的身体发育；

在外人面前批评孩子，会严重损害孩子的自尊心，给孩子造成心理阴影。

英国教育家洛克曾说过："父母不宣扬子女的过错，则子女对自己的名誉就愈发看重。"孩子觉得自己是有名誉的人，就会小心维持别人对自己的好评。但如果父母当众揭短，让孩子无地自容，孩子会失望，而制裁他们的工具也没有了，因为孩子觉得自己的名誉已经受到打击，维持他人好评的欲望也就减淡了。

3 有远见的父母，都舍得孩子吃点苦

情绪剧场：

从上小学的第一天，妈妈就要求云朵走路上下学。

听着外面呼啸的风，云朵问："妈妈，今天能让爸爸开车送我上学吗？"

妈妈："你是不是觉得冷啊？"

云朵："是啊，风好大。"

妈妈："那我们穿厚点儿，走一走就暖和了，妈妈陪你一起走。"

情绪分析：

苏联著名教育家苏霍姆林斯基指出，父母有必要让孩子知道生活里有苦难这个词，这词是与劳动、汗水、手上磨出老茧分不开的。让孩子体验生活的不容易，孩子才能懂得珍惜和感恩。

我们总是一边抱怨孩子娇气，不能吃苦，但一边又不给孩子吃苦的机会。有远见的父母，都舍得让孩子吃苦。

有些父母却觉得，何必一定要让孩子吃苦呢，让他快快乐乐地长大不好吗？

孩子有许多想要的东西，想做的事情，但他们能力却并不足以实现愿望。于是，为了可以快速得到想要的结果，孩子往往会直接向父母求助。父母的行为，虽然保证了孩子不受半点儿委屈，但也让孩子养成了懒于行动、坐享其成、依赖他人的坏习惯。

没有吃过苦的孩子是非常脆弱的，小小的困难与挫折就有可

能让他望而生畏，甚至有些孩子在受挫之后，还会想不开。在成长过程中缺少挫折，也会让孩子变得自傲、自大。这样的孩子一旦出了错，就有可能难以接受，甚至为了面子而抵死不认，形成矛盾的性格。另外一些父母认同吃苦可以磨炼孩子心智的观点，也非常支持这一做法，但却没有理解吃苦的真正含义。

　　但是，我们也要明白，我们倡导的吃苦是指磨砺孩子的人格，而不是要人为给孩子制造痛苦。父母一味折腾孩子，折磨孩子的身体与精神，只会损害孩子的身体健康和心理健康。

　　还有一些父母把孩子能力范围内的事归结为苦，比如"每天要上那么多课，累死宝宝了。""这么重的东西，你提别把手勒坏了。""写了这么多作业，赶紧去休息吧""走了这么远，累坏了吧？"……本来孩子并不觉得苦，经过妈妈再三提醒，就觉得自己是在"受苦"，以至于能做到的事，也不愿意去做了。

给父母的情绪管理建议：

　　在孩子的成长过程中，总有些苦是他们必须要经历的。比如，学习的苦，除了学习书本知识，孩子还得养成良好的学习习惯，提高学习能力。再比如，没有钱的苦，孩子无须为钱财烦恼，却需要明白钱财来之不易，建立正确的金钱观念。父母让孩子受点儿苦，孩子才能学会如何与困难相处，如何坚持下来。

1. 在外人面前鼓励孩子做事情

　　有外人在场的时候，大多数孩子的情绪是都不稳定，表现得十分依赖父母，想要获得父母更多的关注，变得更加脆弱。因此，父母当有外人在场时，父母可以鼓励孩子做一些事情。比如，递水果、倒杯水、帮忙拿遥控器等小事。然后，父母可以在客人面前多多肯定孩子的行为。这会让孩子觉得光荣，从而更愿意做一些力所能及的小事。

2. 用问题代替帮助

父母给予的帮助，往往只能助长孩子的惰性。因此，父母不妨用问题代替帮助，引导孩子自己做出决定。

当孩子求助时，父母可以用平等的语气反问："你分析一下，问题出在了哪里？""你有什么思路吗？"另外，父母无须与孩子讨论做还是不做，只需要引导孩子思考即可。

3. 父母陪孩子"受委屈吃苦"

父母懒散、舒适地享受生活，是很难让孩子去接受艰苦磨砺的。因此，父母可以陪孩子一起"受委屈"。比如，一起做运动，忍着寒冷和孩子一起起床。当孩子想要退缩时，父母不妥协，不表现出这件事很辛苦，孩子就能渐渐习以为常了。

只有经过一番磨砺，孩子才能变得更坚强，抵挡得住以后的狂风暴雨。父母爱孩子，就让他在小时候，多受一点儿委屈。

4 让孩子有勇气拒绝别人，也坦然接受别人的拒绝

情绪剧场：

小汤："小伟，你的泡泡机可以借给我玩一会儿吗？"

小伟:"不行,我还玩呢。"

小汤闷闷不乐地走开了。

情绪分析:

每个人都会被拒绝,孩子也无法幸免,而这也不是一件坏事。父母完全可以借机锻炼孩子,让他有勇气拒绝别人,也能坦然接受别人的拒绝。有勇气拒绝别人意味着孩子有主见,不会因讨好他人而委屈自己。而坦然接受别人的拒绝则代表着孩子心态平稳,明白事理。

网上有这样一个妈妈与女儿互动的视频,商场门口工作人员在送气球,小女孩想要又不敢,妈妈鼓励了许多次女儿还是不敢去,妈妈只好自己上前要了一个气球。回家的路上,妈妈开始和女儿模拟要气球的场景,争取让女儿下一次可以自己要到。

女儿:"阿姨!可以给我一个气球吗?"

妈妈:"小姑娘你好勇敢,送你一个。"

女儿:"谢谢阿姨!"

练过好多次后,妈妈突然决定换一种策略。

女儿:"阿姨!我可以拿一个气球吗?"

妈妈:"抱歉小宝贝,这个有人要了,不能送给你。"

女儿听到话愣住了。

妈妈告诉女儿:"你应该说没关系,我下次再来。"

但女儿瞬间红了眼眶,眼泪直打转,妈妈就上前轻轻抱住孩子,告诉她:"我们向人家提出要求时,人家可能答应,也可能拒绝，这都是正常的。如果人家愿意答应你，那就说谢谢。如果别人拒绝，那就该说没关系。"

妈妈一直在鼓励女儿，又演练了很多次，女儿终于能开心地说出了"没关系。"

孩子在父母的爱护下长大，很少有被拒绝的机会。孩子自然而然地以为没有人会拒绝自己，而一旦被拒绝，孩子就会觉得自己被否定了，从而大受打击。

孩子在被拒绝后，往往会哭闹、退缩、情绪低落，这只是他们在发泄自己的委屈，表达挫败感。但父母大多不忍心看孩子这样伤心，于是尽力安慰孩子。"不哭不哭，我来陪你玩。""没关系，我们也去买一个。"父母想要帮助孩子摆脱尴尬，但却让孩子回避了被拒绝的现实，孩子暂时压下被拒绝而产生的负面情绪，却又难以释怀。

随着孩子长大，他可能因为各种各样的原因遭受拒绝，父母要让孩子明白被拒绝是再正常不过的事情，他们应该学会正确看待被拒绝的事情。

给父母的情绪管理建议：

父母不妨耐心引导，让孩子有勇气拒绝别人，也能坦然接受别人的拒绝，建立起自己与他人的界限，不为他人而轻易情绪失控。

1. 练习被拒绝

在和孩子相处的过程中，父母可以尝试培养孩子接受拒绝的良好心态。比如，孩子想要父母的手机打游戏，这时父母就可以告诉孩子，这是爸爸妈妈的东西，爸爸妈妈不想借给你，因为爸爸妈妈自己也要用。

当孩子知道其他人有权利处置自己的东西后，他想玩其他小朋友的玩具而被拒绝也能理解，并考虑是接着尝试还是去玩其他的玩具。

2. 转移注意力与鼓励

当孩子真的很难接受自己被拒绝时，父母可以先转移孩子的注意力，让孩子去做别的事情，暂时先忘记这件事情。等孩子情绪好一点儿的时候，父母再引导孩子慢慢接受自己被拒绝的事情，让他对这件事有一个正确的认知。

3. 告诉孩子"这不是你的错"

孩子被拒绝后，可能会偷偷地想"是不是我不好，所以别人才拒绝我？"进而产生自卑情绪。因此，在孩子被拒绝后，父母不妨及时告诉孩子"这不是你的错。"父母可以说："他拒绝你很正常，他有可能……"

被人拒绝是很打击自信心的，父母还可以在和孩子日常相处时，多挖掘孩子的优点、夸奖孩子、安慰排解孩子的郁闷情绪，让他在被拒绝后仍然不动摇对自己的信心，不畏惧下一次尝试。

被拒绝是一件很正常的事情，父母想要孩子坦然接受，首先自己就要放平心态。

5 遭遇差评？教孩子正确看待别人的评价

情绪剧场：

齐齐耍赖不肯上学。在妈妈的再三询问下，终于说出了不想上学的原因："同学们都说我是胖猪。"

看着孩子满脸的泪水，妈妈只好说："宝贝你这是正常体重，是他们胡说……"

但不管妈妈怎么哄，齐齐就是不不肯去上学。

情绪分析：

孩子可能因为各种各样的事情遭遇差评，比如，考试成绩落后、走路姿势奇怪、说话声音不够大……都可能使孩子成为被嘲笑、否定、议论的对象。父母不能控制他人对孩子说什么，能做的就只有让孩子有个好心态，不去在意差评。

有些孩子遭遇差评后，会一直耿耿于怀。这并不是孩子耍脾气、记仇，而是自尊心强，内心过于敏感，过于在意他人对自己的看法。有些孩子会把情绪摆在脸上，有些孩子则把情绪藏在心底，但不管是哪一种孩子，都会心生隔阂，难以融入集体。久而久之，孩子的性格就会变得偏激。

而在听到他人对孩子的刻薄言语时，父母总会暗暗问自己，"为什么我家这么好的孩子，别人却要难为他？"这种问题的背后其实是父母的担忧，"有人不喜欢我的孩子，他可以扛过去，不受影响吗？"然而差评从孩子刚刚降生的时候就出现了。比如,"这孩子头有点儿偏啊""英语不好啊,还是懒"……没有孩子能躲得过别人的语言攻击,而父母能做的就是教会孩子如何正确处理差评,避免差评对孩子造成负面的心理暗示。

有网友分享了自己的经历,小时候她曾在亲戚面前唱歌,却被人说跑调难听,这件事给她造成了很严重的心理阴影,让她一直不敢当众唱歌。有些差评对大人来说可能微不足道,但年幼敏感的孩子却又可能信以为真,成为伴随他们一生的影响。

还有些时候,孩子听到的差评或者只是别人随口一说,或者为了好玩的逗弄玩笑。但年幼的孩子往往没有分辨能力,他们会信以为真,感受到屈辱、愤怒等消极情绪。孩子的反应越激烈,给他差评的人也许就会越觉得有趣,兴头更高。孩子如果表现得十分气恼,还会被说成"开不起玩笑"。

面对这种情况,最好的应对就是不做回应。父母要让孩子知道,人们说那些过分的话,其实就是想吸引你的注意力,你不搭理对方,对方得不到他想要的结果,就会打消兴致,渐渐不再说过分的话。

给父母的情绪管理建议:

那么,父母要怎么做才能让孩子不受差评的影响,不去理会他人呢?

1. 只看事情本身

《怎么说孩子才肯听,怎么听孩子才肯说》一书中,有这样一个故事。

一个孩子因跳绳不好，被老师评价为协调性很差。

孩子听完后非常郁闷，开始抗拒跳绳，他不再继续努力，并且怀疑老师是不是讨厌他。

面对这种情况，有的父母可能会和孩子一起说老师的不好，有的父母则可能要求孩子克服"缺点"，让孩子达到老师的标准。

但事例中的妈妈却做出了不一样的反应，她没有说老师的观点如何。妈妈只是和孩子一起回想，孩子那些协调性绝佳的时刻。"我记得你三岁时，我被锁在房间外面，是你从卧室的窗户翻进房间，从梳妆台上跳下去，帮我打开门的。我还记得你四岁半的时候，你是这一片第一个不用辅助轮就能骑自行车的小孩。我想，你们老师一定没见过你倒立的样子。"

孩子听完妈妈的话，立刻做了一个倒立的动作。

在妈妈的引导下，孩子不再纠结老师对自己的态度，而是对自己的协调性确立了新的信心。

过于关注他人的态度喜恶，其实就是在意他人的态度。这样，很容易让孩子养成讨好型人格。因此，父母可以不去解释口出恶言的人是怎么想的，不去和孩子分析别人喜不喜欢你，让孩子关注点回归到事件本身。

2. 让孩子对自己形成正确的认知

只有孩子对自己有一个正确的认知，才能不为他人的一言半语动摇。因此，父母不妨引导孩子多多关注自身的感受，对自己做出正确评价。

孩子遭遇差评，父母首先要做到相信孩子，只有父母坚定地相信孩子，孩子才能更加坚定地相信自己。

6 提升自我价值感，让孩子远离自卑和脆弱

情绪剧场：

小墨的语文成绩每次都是 A，数学次次都是 D。

老师："小墨，你在数学上要加把劲儿。"

小墨："我对数学没兴趣。"

老师："找找方法，学数学也有方法。"

小墨："我妈小时候数学就不好，我肯定遗传了她的基因。"

情绪分析：

心理学相关著作《自我》中有一个观点，即自我价值感是一瞬间的情绪状态，尤其是那些因为好的结果或者坏的结果而引发的情绪。也就是说，自我价值感是一种短暂的情绪体验，既有消极的自我价值感，也有积极的自我价值感。

比如，一个孩子比赛得了第一名，他此时的自我价值感就会很高。反之，如果孩子发挥失常，没有取得好名次，那此时他的自我价值感就会降低。

自我价值感可以影响孩子的情绪、言行、想法等。当孩子的自我价值感较高时，他的情绪、思想都会变得积极，他的一言一行都能展现出自信昂扬、快乐向上的风采。但如果孩子的自

我价值感较低，孩子就会变得自卑、脆弱，整个人都笼罩着一层阴影。

在 TED 大会中，一位女嘉宾在演讲中分享了自己的故事。她说虽然自己家境富足，但从记事起，她就觉得自己有问题。

在参加白人举办的舞会时，她作为唯一的黑人女孩，无人关注，没有人邀请她跳一支舞，那一刻她感受不到自己的价值，她开始焦虑、恐慌和自卑。

于是，她去学跳舞、努力学习，还去帮助有困难的同学，她想要变得更好。但她发现，努力过后获得的自我价值感只是一时的，过一段时间，她又要从其他地方获取自我价值感。

后来，这位女性发现，她一直都在从外界寻求自我价值感，但真正的自我价值感源自内心。孩子只有在打心底里相信自己时，才能获得稳定的自我价值感，不因外界而怀疑、否定自己。

奥地利心理学家阿尔弗雷德·阿德勒在《自卑与超越》这本书中指出，每个人多多少少都会有感到自卑的时候。但是，有些孩子则容易陷入自卑情绪中。

存在某种缺陷的孩子。与他人的差距，以及周围人的同情、嘲笑，都会让这类孩子感到自卑，想要逃避。

缺少经验的孩子。有些孩子事事都有父母亲人帮忙，自己本身就没有什么能力。一旦要遇到困难，孩子就有可能屡屡受挫，觉得自己什么也做不好。

被错误夸奖的孩子。很多父母会习惯性地说"考了第一名，你真棒""做到了，真不错"……这类有条件的夸奖只能短暂地让孩子感到自信，一旦孩子不能满足条件，自我价值感就会大大降低。

被忽视、打压的孩子。如果父母一直忽视孩子感受，一直否定、打骂孩子，孩子就会跟着否定自己，觉得自己不重要。这类孩子打心底里看低自己，也总担心别人看低自己。久而久之，这类孩子就会变得孤僻怯懦，敏感又自卑。

给父母的情绪管理建议：

孩子缺少成功的体验，内心充斥着挫折带给他的消极情绪。父母想要孩子提升自我价值感，可以让孩子多多体验成功的感觉。

1. 设立小目标

想改变孩子对自身的看法，父母可以让孩子从一开始就不要定下太大的目标。父母可以帮孩子把大目标拆分为一个个小目标。父母每次只引导孩子定下一个小目标，让孩子沉下心完成这一个小目标。这样做成功的概率更高，可以让孩子多多体验成功的感觉，提高自我价值感。同时，也可以让孩子循序渐进地走出舒适圈，不断突破自己。

有科学研究表明，每一次成功之后，大脑就会记住当时的一切。因此，当人们回想起过去的成功时，就可以再一次感受到成功的喜悦，进而信心倍增。

2. 教孩子昂首挺胸

自我价值感低的孩子，一般不敢大声说话，吞吞吐吐，走路时也低头含胸。父母可以训练孩子提高讲话声音，口齿清晰，走路挺胸抬头等，父母还可以把孩子的外表打扮得整洁大方。持之以恒，孩子就会对自己越来越有信心。

3. 让孩子独立解决问题

年幼的孩子大都会找父母求助，家长也会毫不犹豫地提供帮助，甚至直接代劳。其实，父母引导孩子独立解决问题。孩子自己将问题解决了，就能看到自己的能力和价值。

孩子如果一直想不到解决方法，父母可以适当地点拨一两句，并给孩子加油打气，这样做，在孩子看来，还是他自己解决了问题，可以让他大受鼓舞。

孩子大多通过他人的肯定来增强对自我的肯定，当孩子看不到自己的价值时，父母不妨先一步看到，引导孩子发现自己其实是一个不错的人。

7 带孩子见见世面，再大的事儿都不是事儿

情绪剧场：

有新闻报道过，一位80后妈妈从孩子1岁半起，就带着孩子到世界各地旅游。北极、夏威夷、阿尔卑斯山脚下、澳洲草原……处处都留下了妈妈和孩子的足迹，他们一起见识了这个世界有多么的多姿多彩，广阔壮大。

情绪分析：

看到妈妈带着1岁半的孩子全世界旅行的新闻，很多网友都

留言，他们认为这么小的孩子，事情都记不住，带去旅行也是做无用功。确实，年龄太小的孩子自我意识还有待发展。长途旅行无论是对孩子，还是对父母来说都很折腾。但只要孩子的自我意识开始发展，他们就可以感受到外界的刺激，产生疑惑和兴趣。这时，父母带孩子去旅行，就能促进孩子的大脑发育，刺激孩子多多思考。

格局即一个人的眼界、胸襟、对自身的认知等要素综合起来的概念。孩子有格局，则心胸开阔，不会因一时的挫折失败而耿耿于怀，也不会一直去纠结那些没有必要的烦恼。有格局、心胸开阔的孩子可以从宏观视角观测自己，看得远，有助于成为更好的自己。

父母想要提高孩子的格局，不妨带孩子去旅行，见一见世面。旅行虽然不是唯一拓展视野的方法，但孩子却可以亲身体验这大千世界，一路上的见闻都将深刻地烙印在孩子的脑海里，奠定他人生的高度与宽度。

很多孩子都被局限在小小的家里，完成似乎永远也写不完的作业。孩子只能从书本、视频和网络上了解世界，有些孩子甚至连当地的景点都没去全过。如果孩子目之所及的只有学校、小区等寥寥几个地方，又如何能拓宽视野，增长见闻呢？

很多父母喜欢带孩子去看名胜古迹，在那里既可以与大自然接触，也可以了解人文知识。每到一个地方，孩子都可以见识到不同的民俗风貌。因为每个地方都有自己的特色文化，孩子沉浸在独特的文化环境之中，文化素养也会有所提高。并且，相比于教科书或者一些图文材料，孩子可以获得更加直观、深刻的印象。

父母带孩子去旅游，感受大自然那令人震撼的美，有助于帮孩子缓解压力，减轻焦虑。在旅行过程中，可以接触到形形色色的人和事，父母也可以借助具有教育意义的事件，引导孩子确立正确的价值观，养成端正的品格。

旅行路上，孩子每天都能接触到新鲜事物，刺激他生出源源不断的求知欲。父母可以借机让孩子学习各种各样的知识，丰富孩子的知识储备。哪怕只是带孩子就近去一些小景点，或者博物馆、游乐园等地方，都可以丰富孩子的生活经验。

给父母的情绪管理建议：

父母在和孩子一起旅行前，不如参考以下建议，确保在旅行的过程中与孩子玩得尽兴，学得开心。

1. 让孩子帮忙做准备

父母可以在出发前，请孩子一起帮忙做准备。比如，去不同的地方需要做的准备也不同，去海边要准备防晒霜、泳衣等物品；去爬山，就要准备专门的衣服和鞋；路上吃的食物，打发时间的玩具等。父母可以让孩子自己准备好，放在一个小包里，让他自己背着。

父母让孩子参与准备过程，可以锻炼孩子的能力，培养责任感。

2. 让孩子参与制定攻略

父母可以请孩子一起参与制定旅行攻略,与孩子商量想去哪里,打卡哪些景点,品尝哪些美食。父母陪孩子一起查资料,制订计划,做好功课。孩子在了解了目的地后,就会更加期待,想象当地究竟是什么样子,带着目的去旅行,孩子的印象会更加深刻。

父母不妨带孩子去旅行,去见更多不一样的风景。如此,孩子就会发现再大的事情,在广阔的世界面前,都是小事情。

第七章

提高孩子情绪管理力的 7 个方法

1. 教孩子认识不同情绪

情绪剧场：

珊珊看到妈妈在看着自己笑，便冲妈妈咧嘴笑。

妈妈故意冷着脸，珊珊大哭起来。

妈妈赶紧把珊珊抱进怀里，孩子却气鼓鼓地推妈妈。

就在妈妈以为珊珊生气的时候，她又揪住妈妈的头发玩了起来。

情绪分析：

孩子的情绪很容易出现变化，孩子的许多行为，比如突然手舞足蹈、哭闹、不理人等都是受情绪影响。当孩子被情绪支配时，很多父母都倾向于给孩子讲道理，告诉他不能这么做，为什么这么做。但这往往行不通，因为父母陷入了一个误区，年幼的孩子根本不了解情绪是什么。诸如，愤怒、委屈、恐惧等表达词汇都过于抽象，孩子不认识自己的情绪，又怎么能控制住情绪呢？这就和父母告诉孩子好好读书，但却不教孩子认字是一个道理的。孩子就算再努力，对着一个字都不认识的书也不可能读懂。

人类最基础的情绪大概可以分为：愤恨、轻蔑、悲伤、高兴、骄傲、恐惧、厌恶、惊讶、兴奋等。孩子的性格还未形成，加上十分敏感，所以情绪的变化更加多端。当孩子受挫时，自然会表现出消极情绪，当孩子心愿得偿时，也会兴高采烈。所以，父母在看到孩子高兴的时候，给予他鼓励与夸赞；看到孩子不高兴的时候，也不能粗暴地要求孩子不许耍脾气。

许多人都以为人的情绪大多遗传自父母，父母如果暴躁易怒，那么孩子也大概是暴躁的。但却有科学家指出，遗传因素对一个人的情绪变化的影响并不大。事实上，影响人们情绪的主要因素是思维模式。思维模式受到各种因素的影响，比如，外界环境、受教育程度、认知发展程度等。

难以控制情绪的最大的原因是人们的思考方式太过简单，比如遭到辱骂、批评，绝大多数人想到的都是维护自己的尊严，如此便会产生愤恨、羞耻、畏惧等心情。这种缺乏深远思考，直接做出反应的行为不仅会使当事人陷入不利的局面，久而久之，还会使情绪更加恶化。

父母想要孩子学会控制情绪，就要教孩子认识情绪，靠他的思维去理解，并做出正确的应对。如果孩子不能清楚地认识情绪，就越容易感情用事，让情绪代替思考。

孩子对自己的情绪认识越清晰，对情绪的掌控能力越强。了解自己的情绪，孩子的心理会更加健康，性格也更加开朗乐观。但如果缺乏对情绪的正确认知，孩子就容易变得冲动武断，起伏不定。

对情绪缺乏正确认知的孩子往往哭闹不休,持续很长时间。孩子一定要将各种情绪都发泄出来,或者达成目的后才会渐渐停止。有些孩子则行为冲动,做事任性,不计后果。并且,孩子缺乏对情绪的正确认知,很容易产生过度的恐惧、悲伤、兴奋等情绪,以致影响睡眠质量,常常半夜惊醒。

孩子不认识自己的情绪,也就不认识他人的情绪,不懂得共情、体谅他人。这种孩子容易受到排挤,也很难和他人保持较亲近的关系,很容易产生消极情绪,感到压抑,难以纾解。

给父母的情绪管理建议:

年幼的孩子对情绪没有较清晰的概念,父母可以用一些小方法,让孩子认识情绪,感知情绪。

1. 绘制情绪脸谱

心理学认为,人类的基本情绪分为4种,即欢乐、愤怒、恐惧和悲伤,父母可以从四种基本情绪开始,陪孩子一起绘制情绪脸谱。比如,快乐的脸谱是嘴角上扬、眉眼弯弯;愤怒的脸谱是皱眉抿嘴、睁大眼睛;悲伤的脸谱是满脸流泪、眼角鼻子红红的。

2. 告诉孩子什么情景会产生什么情绪

等孩子年龄稍大,对情绪有一定认识的时候,父母可以告诉孩子,什么样的情绪可能会在什么情况下出现。

比如,愿望实现、和爸爸妈妈一起玩游戏的时候,会感到快乐、幸福；当有人和你吵架、跟你抢东西，或者批评你的时候，会感到愤怒、委屈，这是一种不舒服的感觉。悲伤就是看到一直照顾的宠物死掉时的情绪……

2 告诉孩子，心情不好的时候可以做什么

情绪剧场：

妈妈很苦恼，女儿小双喜欢闹情绪。小双想多看一会儿动画片，被妈妈拒绝后就大哭大闹。妈妈想要安抚小双，小双却什么也听不进去，越哭越大声。过一会儿，小双又想要吃零食，妈妈说家里没有，可以带小双去买，没想到小双又不高兴了，她把自己关在房间里哭泣，无论妈妈怎么哄，就是不愿意出来。

情绪分析：

无论年龄大小，孩子总有心情不好、产生不良情绪的时候。虽然不良情绪经历的时间或长或短，大多都会宣泄出来，或者被孩子遗忘。但习惯于使用错误的方法发泄负面情绪，会让孩子的脾气越来越差。

有些父母不知道该如何帮助孩子调节情绪，只能顺着孩子的方法来。有些父母则很反感孩子带有负面情绪，批评指责孩子，想要压抑孩子的情绪。这样做只会让孩子的情绪越来越糟糕，甚至还有可能爆发亲子矛盾。

再加上很多孩子不懂得如何发泄负面情绪，只能任由情绪堆

积，直到到达心理极限，情绪崩溃。有些孩子还有可能在情绪没来得及发泄时，又有了别的烦心事，于是就表现出了冲动易怒、阴郁偏激的特点。

孩子有可能是说"脏话"，做一些过激的行为，比如自残、损毁物品、攻击他人等。父母无须紧张，孩子这么做有可能是因为想要惩罚自己，或者缓解内心的痛苦。也有可能是想要以偏激的行为要挟对方，让对方妥协。孩子这么做还有可能是想要结束冲突，怀有"我都这样了，你还想怎么样"的想法。

有心理学家认为，孩子发脾气，看似是向父母施压，实际上是他们在向父母求助。孩子卸下伪装，毫无保留地向父母袒露自己的坏情绪，是在向父母传递一个求救信息：我心里很不舒服，请你帮帮我。

孩子做不到和成年人一样理智，当孩子产生一些消极情绪时，就会变得混乱，这种混乱会让孩子选择当场发泄出来。也有些孩子会因为种种原因将情绪压抑起来，但他们会在自己的心中留下一块空间，储存这些负面情绪。随着孩子越长越大，孩子的负面情绪也会越积越多。久而久之，孩子有可能出现呆板、紧张、萎靡不振的情况，甚至有可能出现心理障碍。

所以，当孩子心情不好的时候，父母不妨走进他的内心，了解他不开心的原因，告诉他心情不好时可以做些什么。

给父母的情绪管理建议：

儿童心理学者黛博拉·麦克纳马拉博士认为：发脾气本身是

无害的，有害的是阻止孩子发脾气。喜欢摔东西，那就找点儿可以出气，破坏性小且不影响别人的方法吧。

1. 用小纸条写下反击的话

在心理学上有一种释放怒气的做法是，在纸上写下愤怒、反击的话只给自己看。孩子可以在自己的房间或者是一个人的地方写下这样的话，比如："我讨厌你，讨厌你让我留下来值日""我知道是你给我背后贴小纸条的，我想告诉你……"父母可以告诉孩子，他写下的内容只有他自己知道，可以自由地表达自己的愤怒。

之后，父母也要告诉孩子处理这些便条的方法之一，就是扔掉，随之也是把自己的"敌人"也扔掉。而很多时候，孩子都喜欢用水冲走或者是撕掉便条。不管怎样，父母一定要帮孩子把这些纸条处理掉，不要再次被孩子看到。

2. 送孩子一个倾诉玩具

在年幼的孩子眼中，所有的玩具都是有生命的，是可以倾诉苦恼的朋友。父母可以送孩子一个他喜欢的玩具，鼓励孩子将不开心的事情讲给它听。当孩子将事情说出来后，消极情绪会慢慢宣泄出来。孩子在好朋友面前，情绪会收敛一些，平复得快一些，在玩具朋友面前也是如此。

3. 教孩子投飞镖盘

父母可以在孩子的卧室墙上挂一个飞镖盘，当孩子心情不好又不想说话时，父母可以让孩子回房间去扔飞镖。孩子在玩飞镖盘的时候，有可能说出自己心情不好的原因，用不了多久，孩子的消极情绪就会发泄。

父母可以让孩子一个人投飞镖，因为如果父母在场时，孩子可能有所顾忌，从而不能痛快地发泄情绪。

3 孩子性情急躁，如何培养耐心

情绪剧场：

可涵和爸爸学下棋，第一盘输了。他吵吵再来一盘，结果又输了。他把棋子胡乱推到一边，恼火地说："不学了，太难了！"

打游戏，输了一次后他马上又开始玩第二场。但一个操作失误，可涵又输了。可涵十分恼火，一把把游戏机砸在沙发上："这是什么破游戏！"

情绪分析：

孩子性格急躁，缺乏耐心，情绪常常"一点就炸"，很难沉下心去思考解决问题的方法。大部分孩子在三岁左右，就会出现强烈的急躁情绪，这是孩子成长的正常表现，但如果得不到父母及时的引导，久而久之，孩子受挫就会发怒、烦躁、失去耐心。

孩子性格之所以急躁，多半是因为父母急于帮忙造成的。比如很多孩子缺乏时间观念，做事总是磨蹭拖拉，父母在一旁看着心里着急，忍不住去帮忙。或者孩子遇到困难求助，父母一呼就应。当孩子习惯了父母的帮忙，就不愿意自己花时间去做事，遇到一点儿困难就容易急躁。

孩子急躁也和自己本身缺乏自制力有一定的关系。孩子年龄小，没有强大的意志力，很容易转移注意力，难以持久地做一件事。有调查显示，年幼的孩子专注做一件事的时间在5～10分钟；5～6岁时，孩子可以集中注意力的时间为10～15分钟；7～10岁时为15～20分钟；10～12岁时为25～30分钟；12岁以上的孩子则可以集中注意力超过30分钟。超出这个时间，孩子就会焦急烦躁起来。

一直做难度过大，或者不感兴趣的事情，也会影响孩子的耐心。比如，孩子喜欢玩电子游戏，但如果游戏太难，孩子不能上手，就会感到烦躁无趣。同理，如果游戏简单乏味，孩子很快上手，玩过几次，渐渐就会耗光耐心。并且，孩子对一件事通常表现为三分钟热度，感兴趣时，就投入极大热情，一旦受挫，或觉得枯燥时，就会转而去做另一件事情，继续重复这种过程。久而久之，孩子就会越来越没有耐心。

性情急躁会给孩子带来许多不好的影响。孩子没有耐心，就难以认真、妥善地把事情做好。因为想要尽快做完，孩子往往会潦草地糊弄过去。如此，孩子就会养成马虎粗心的毛病，难以完成难度更大的任务。久而久之，孩子在遇到困难时，可能就会想要逃避、推卸责任。一受挫就想要放弃，会严重限制孩子的未来发展。

给父母的情绪管理建议：

那么，面对性情急躁的孩子，父母怎样做，才能让他变得有耐心？

1. 玩培养耐心的游戏

父母可以让孩子玩一些可以培养的耐心的游戏。比如乐高、拼图等。父母可以让孩子挑选喜欢的样式，激发孩子的兴趣，让他有动力坚持玩下去。父母还可以把日常生活变成游戏，比如，孩子想吃零食，父母可以请他一起去超市买，让孩子学会耐心等待。

另外，如涂色、绘画、剪纸等活动也可以培养耐心，父母可以让孩子尝试玩一玩，如果孩子感兴趣，就鼓励他坚持下去。

2. 父母保持耐心

当孩子因急躁而发火的时候，我们可以去安慰他，平静地询问他原因。当孩子把事情说了出来，不满也会随之发泄出来，父母也能够了解事情原委。

在和孩子沟通时，父母需要保证自己平静、有耐心，不被孩子的情绪影响，反过来用自己的情绪来安抚住。父母可以告诉孩子"慢慢说，不着急。"然后适当地重复他的话语，表示对他的情绪的理解。

如果孩子还不能做到清楚表达，父母可以通过猜测的方式来推测事情真相。此时，只要父母有耐心，就可以让孩子慢慢平静下来。

3.要孩子在一件事上善始善终

父母可以引导孩子在事前做好规划，要求孩子在一段时间内只做一件事情，让他静下心来，专注地做好一件事。父母尽量不要去打扰孩子，但如果孩子做到一半想要放弃，父母可以向孩子说明，事情开始了就不能半途而废，一定要有始有终。持之以恒，孩子急躁的脾气就能逐渐改善。

4 正确引导，帮孩子顺利走出分离焦虑情绪

情绪剧场：

妈妈要出门，琪琪死死地抱住妈妈。妈妈哄了琪琪一会儿，没想到好不容易平静下来的琪琪，又哭了起来。

情绪分析：

所谓"分离焦虑"是指婴幼儿因与亲人分离而感到焦虑不安，产生消极情绪的反应。年幼的孩子往往会和照顾自己的人，尤其是妈妈建立亲密的情感联结，当发现要和妈妈分开后，就会感到非常痛苦，抗拒和妈妈分开。

分离焦虑是婴幼儿焦虑症的一种常见类型，多出现在学龄前期。比如，孩子第一天上幼儿园，就会在幼儿园门口与父母难分难舍。孩子进入幼儿园是孩子独立的第一步，此时的孩子要离开爱护自己的父母，进入一个陌生的环境，独自面对一切，这会让孩子失去安全感。孩子在短时期内很难适应幼儿园的生活，可能

会出现紧张不安、哭闹、不与人交流、拒绝吃饭甚至腹泻、呕吐等症状。

孩子之所以出现分离焦虑是因为，年幼的孩子不明白分离是什么意思，他们会以为爸爸妈妈撇下自己走了，再也不会回来找自己了。再加上要与许多陌生的老师、同学打交道，孩子会非常不适应，甚至感到害怕。

孩子的分离焦虑还和父母的言语暗示有关。有些父母喜欢和孩子谈论幼儿园，比如"你不听话，就把你送到幼儿园""去幼儿园，不要和小朋友吵架"或者父母本身语调悲伤地说"长大了，要去幼儿园了"这都会加深孩子对幼儿园的负面印象。等到孩子真的要去幼儿园的生活，这些负面影响就会变成他的心理阴影，从潜意识里排斥幼儿园，这无疑会加剧分离焦虑。

有些孩子刚进入幼儿园时，分离焦虑并不严重，但在幼儿园待的时间长了，孩子反而越来越抵触了。这是因为孩子对新环境的适应能力较差，难以融入或者不喜欢全新的环境、全新的人。于是孩子更怀念与父母在一起的时光，渐渐分离焦虑就愈发浓厚了。这些孩子往往在幼儿园紧张不安，不敢宣泄情绪，回到家看到父母就把消极情绪宣泄出来。

孩子的分离焦虑也和父母的过度紧张有关。有些父母则会在孩子放学回家后，问"今天有没有挨批评？""小朋友愿意和你一起玩吗？没人欺负你吧？""幼儿园的饭菜吃得惯吗？"等问题都会让孩子对幼儿园产生不好的联想。

孩子不愿意与父母分离，是因为孩子渴望从父母身上获得安全感，满足自己的情感需求。但如果父母对孩子投注了过多的情感，舍不得让孩子离开，反而会加剧孩子的焦虑情绪。

给父母的情绪管理建议：

有研究证明，与父母有分离经验的孩子，更容易适应新环境。因此，父母不妨与孩子练习一下分离。

1. 逐渐与孩子拉开距离

分离是一个循序渐进的过程，父母可以在与孩子分离前的一段时间，有计划地与孩子拉远距离，给自己和孩子一个缓冲的时间。父母可以让孩子自己玩耍、看绘本，或者拜托其他家庭成员照看孩子。父母离开的时间可以逐渐拉长，同时让孩子感受离别中积极的氛围。比如，"你一个人玩了半个小时，让妈妈可以出去买个菜。"

2. 与孩子做约定

为了减少孩子的哭闹，很多父母都会趁孩子不注意的时候，偷偷溜走。这样虽然可以避免刺激到孩子，但等孩子发现父母不见了，同样会受到伤害。

其实，父母可以在离开前与孩子做约定。在出门前，父母可以告诉孩子自己将要去哪里，并且约定好过多久就会回来。这样，孩子就不会担心父母想要丢下自己。同时，父母需要做到言而有信，不要随意违反与孩子的约定。

孩子长大，就注定要与父母分离。年幼的孩子渴望温暖与爱，父母就是他的全世界。但孩子终将长大，终会发现这个世界很大。父母不妨让孩子带上满满的爱，离开父母的怀抱，去拥抱世界。

5 帮孩子把嫉妒转化为正能量

情绪剧场：

电视剧《小舍得》就有这样一个情节。从小地方转学来的米桃成绩很好，南俪就把成绩不够好的女儿夏欢欢送去和米桃一起去补课。

每当夏欢欢有了一点儿小进步，南俪就说："和米桃比，你差远了！""你学习这么差，米桃怎么会想和你做朋友呢？"

渐渐地，夏欢欢开始嫉妒米桃总被妈妈表扬，便联合班级里的同学一起孤立米桃。

情绪分析：

孩子在与他人交往时，会通过对比来认识自己。当孩子发现自己在某些方面比不上其他人，就会认为自己没有达到划定的标准，他有可能产生沮丧、挫败、怨愤等情绪，这些复杂的情绪放在一起就是嫉妒。日常生活中的琐碎小事就有可能勾起孩子的嫉妒情绪，比如妈妈给爸爸夹菜，却没有给自己夹；同学有一个篮球，但自己却没有；朋友选上了班干部，而自己连参选资格都没有……

孩子产生嫉妒情绪的原因很多，有些孩子缺乏对自己和他人的正确认识,过于高看自己,接受不了别人比自己优秀。还有些孩子则是付出了努力,却没有达到预期的效果,因此觉得不公平。这在不了解情况的人看来,就是孩子在嫉妒。

他人对孩子的不当评价,也会刺激孩子产生嫉妒的情绪。比如,父母常常在孩子面前夸奖其他孩子,拿成绩高低来评判孩子。有些孩子太在意父母对自己的评价,又感受到其他孩子的威胁,就产生了嫉妒的情绪。

有些孩子则是得失心较重,有的孩子把个人荣誉看得过重,渴望得到他人的肯定、赞赏。所以一旦发现他人得到了自己想要的东西,孩子就会觉得自己的东西被抢走了,将对方看为敌人,嫉妒对方。

面对嫉妒情绪,孩子大多不懂得该如何调节,反而在情绪的驱使下做出不妥的行为。比如,嫉妒心过重的孩子,会密切地关注周围的同龄人。一旦发现有人在哪一方面胜过自己,就想要与对方比较一番,甚至在语言、行动上打压对方,或者自己作弊。如果孩子发现自己比不上其他人,就会生出"这有什么了不起的,我才不稀罕"的想法,进而破罐子破摔,局限孩子未来的发展。

孩子嫉妒他人,本质上是难以接受有人获得了比自己多的资源,如果父母不及时疏解孩子,就有可能养成自私自利的性格。孩子在嫉妒他人时满怀怨愤,做事偏激,使他人对孩子的评价降低,孩子难以与同龄人保持友善融洽的关系。

父母总觉得孩子有嫉妒心是年龄小、不懂事,没有给予足够的重视，使得一时的嫉妒变为心态扭曲，对孩子的将来造成恶劣影响。

给父母的情绪管理建议：

孩子有嫉妒的情绪是正常的，嫉妒也是羡慕的一种表现。父母不妨引导孩子将嫉妒转化为见贤思齐的动力，使他不断努力、不断进步。

1. 不过于关注其他孩子

父母想要孩子不嫉妒，首先自己就要摆正心态，不过于关注其他孩子，也不拿别人家的孩子来贬低自己的孩子，或者要求孩子做到和其他孩子一样优秀。

父母通过这种方式给孩子施加压力，只会让孩子将压力转化为对他人的嫉妒，而不是激励他前进。

2. 及时制止孩子

父母如果发现孩子有嫉妒他人的苗头，就需要及时制止孩子。父母无须批评、训斥孩子，这会让孩子更加不服气。父母可以适当地说一些对方的优点，让孩子正视对方的优秀。父母还可以鼓励孩子向对方学习，和对方做朋友，一起努力。

父母可以跟孩子讲合作共赢、取长补短的道理，让孩子明白其他人优秀，对自己来说也不是一件坏事。

3. 告诉孩子他有哪些优点

父母在鼓励孩子正视他人的优秀的同时，还可以告诉孩子他有哪些优点。父母可以结合具体的实例，来向孩子说明。当孩子意识到自己也有值得他人称赞的优点时，心理就会平衡，减少对他人的嫉妒。

孩子刚产生嫉妒的情绪时，不会有什么恶意。因此，父母不妨引导孩子将嫉妒心转变为上进心，让孩子不再嫉妒他人，而是自豪于自己的优秀。

6 孩子"翘尾巴"，引导他适当承认自己的不足

情绪剧场：

妈妈："听说你们排座位了，你的新同桌怎么样？"

小鱼："他就是个大笨蛋，每次考试都是倒数。"

妈妈："成绩不好，也不代表其他方面都不好，你找找他身上的优点。"

小鱼："他能有什么优点？我可不喜欢和成绩差的人一起玩。"

情绪分析：

骄傲的孩子往往只看得到自己的成绩，却对他人的成绩视而不见，还喜欢不断夸大自己的长处，贬低别人。而且，他们做事不允许自己失败，遭受挫折时，情绪就会迅速由洋洋得意转为自卑失落，甚至会怀疑、否定自己。

那么，孩子为什么盲目自大，动不动就翘尾巴？

1.过度夸奖

很多父母总是对孩子极尽夸奖，不管孩子做了什么，父母都

能大夸特夸。父母的本意是鼓励孩子，但结果却是让孩子飘了起来，觉得自己这么棒，就是比其他人要厉害。

2. 过度保护

很多父母会给予孩子过度的保护，学习、交友、玩耍……只要孩子遇到了困难，或者有遇到困难的苗头，父母就会想方设法帮他解决。一直顺风顺水的经历会让孩子误以为，没有什么事情可以难住他，进而变得自负。

3. 认知偏差

从三岁开始，孩子就渐渐有了自我认知，逐渐了解自己的能力，开始尝试去做一些力所能及的事情。有些孩子失败了，而有些孩子则凭借自己的能力战胜困难。成功的孩子就容易产生认知偏差，觉得别人做不到的事情自己可以做到，自己比其他人有能力。这种认知上的偏差就使得孩子慢慢骄傲起来。

孩子骄傲自大其实是自我的认知出现了偏差。所谓自我认知就是孩子对自己的能力等各个方面的认识，这种认知容易受别人评价、态度的影响。但一些父母误把孩子"翘尾巴"的表现当作是自信昂扬，自傲与自信其实是两回事。自信是指积极乐观、锐意进取，自傲却是盲目乐观，很容易受挫放弃。

当孩子总是拿着放大镜看自己的成绩时，他们就会变得缺乏同理心，习惯事事以自我为中心。比如，孩子觉得自己学习好就是功劳，对于忙碌一天回家做家务的父母视而不见。

骄傲的孩子因为过于相信自己，也听不进去其他人的规劝与指导。特别是年龄小的孩子，自己的见识有限，又不愿意听取父母的意见，很容易演变成一味跟父母对着干，变得叛逆、无理取闹。骄傲的孩子会觉得自己是最优秀的，别人根本比不上，进而变得懒散，甚至认为就算自己不努力，别人也无法超过自己。而当他们发现别人超过了自己时，就会着急、嫉妒，受不了。

另外，骄傲的孩子也喜欢让其他人听自己的，对待小伙伴往往霸道不讲道理，很难和其他孩子做朋友。

为了避免孩子骄傲，父母可以引导孩子看到自己的不足，更加全面地了解自己，不因一时的赞扬而头脑发热，迷失方向。

给父母的情绪管理建议：

父母用恰当的方式引导孩子看到自己的不足，为他指明努力的方向。

1.让孩子见识更优秀的人

当孩子"翘尾巴"的时候，父母可以为孩子介绍一些更优秀的人。比如，孩子在班级比赛中得了第一名，父母就可以给孩子介绍一下全区、全市同类比赛的获奖者。当孩子发现自己与更优秀的人还有差距，就会重新评估自己。

另外，父母可以找与孩子有一定距离的优秀人物，不要离孩子太近，也不要离孩子还太远。如果是孩子经常可以接触到的人，很可以刺激孩子生出嫉妒情绪。而如果是全国、全世界级别的优秀人物又可能打击到孩子的积极性，所以父母需要把握好度。

2. 指出孩子的缺点

当孩子"翘尾巴"的时候,父母可以适当地指出他的缺点。父母可以在孩子情绪稍微平缓,可以听得他人进话的时候,告诉孩子这件事他还有哪里还可以提高,哪里比较薄弱。父母可以告诉孩子"你已经做得很好了,爸爸妈妈很为你骄傲。不过,你还可以做得更好,爸爸妈妈期待你变得越来越优秀。"

3. 让孩子体验失败

父母可以让骄傲的孩子多多体验失败,让他意识到自己还有很多不足。父母可以让孩子做一些有难度的练习题,或者陪孩子做有难度的对抗性运动,加大孩子失败的可能。

父母可以等到孩子沮丧消沉的时候,父母再给予他一些鼓励和劝导。此时劝导孩子是十分有效的,父母可以多和孩子说一些骄傲使人退步的道理,或者给孩子讲一些相关的名人故事,让孩子明白虚心的重要性。

孩子在"翘尾巴"时,父母要保持清醒,并引导他看到自己的不足之处,使他可以"更上一层楼。"

7 让孩子把内心的"情绪"画出来

情绪剧场:

小小这几天一直有点闷闷不乐。

"小小,你是不是有什么不开心的事?"

小小不说话。

"小小,你给妈妈说,你怎么了?"

小小依旧不说话。

情绪分析:

当孩子不愿意或者没有足够的能力表达情绪的时候,父母不妨给孩子一个纾解的渠道,教孩子把内心的情绪画出来,即绘制自己的"情绪地图"。

"情绪地图"的概念源自一个实验,实验人员让实验对象做出特定的情绪反应,然后利用医学成像技术,以及神经学、心理学知识,绘制出了人体的"情感地图"。

情绪是看不见、难以琢磨的,但通过"情绪地图",实验人员可以观察到,实验对象在各种情绪支配下,身体的变化。比如,实验人员发现,当被实验者处于愤怒中,上半身的温度明显升高;恐惧时,四肢温度降低。当孩子年龄尚小,不懂得情绪可以调节,甚至对情绪没有认知,就可以通过引导绘画来表达内心的情绪和感受。

在上海交通大学医学院附属新华医院的临床心理科,有一门教学龄前孩子和父母如何管理情绪的课程。课上就有一个"绘画情绪"的活动,让孩子们可以通过画画来表达自己的情绪,了解自己的感受。这种绘画不求美观整洁,只要能够表达出孩子的自我即可。

比如,孩子可以选一张喜欢的纸,在一面画上恐惧的事物,在另一面画上"做什么可以让你不那么害怕",让孩子们来想办法。

再比如,孩子还会被教导,想象一个小英雄给自己力量,并在纸上画出这个小英雄的形象。这个小英雄不一定是人,可以是任何让孩子感受到力量的事物。

通过这种描绘内心的绘画,父母可以发现,孩子脆弱,但也十分坚强,拥有自我治愈的力量。

给父母的情绪管理建议:

父母想要教会孩子认识并运用"情绪地图",但如果孩子年龄太小,不够成熟,或者没有尝试的意愿,那么父母传授的知识就很难立刻见效。所以,父母不妨保持耐心,先将方法交给孩子,确保等他需要的时候可以运用即可。

1. 为自己画一幅"情绪地图"

如果父母没有接触过"情绪地图",不妨自己先尝试一下,确保自己对各个步骤理解透彻,然后再教给孩子。

第一步,父母可以找出最近一次情绪爆发的事件,仔细回忆,写下自己是因为什么事情情绪爆发的,最开始,自己对此的感受是什么?之后,有没有产生第二种感受、第三种感受,又是因为什么产生了这些后续的情绪。

第二步,父母需要记录当天的身体状况、精神状况,以及情绪爆发时,感觉到身体出现了什么变化。然后再分析自己为什么会做出那些反应?

比如，爸爸看到孩子摔倒了，他先是担心孩子有没有受伤。确认孩子没有受伤后，爸爸感到庆幸。接着，爸爸批评孩子不够小心。没想到孩子竟然哭了，爸爸觉得很生气。这时，妈妈来抱走了孩子，爸爸感觉自己被否定了，于是更加生气，冲着妈妈和孩子大吼了一声。

父母可以用箭头来联结情绪，每个箭头都是一种可能，决定了上一种情绪是减退、中断，还是向更负面的情绪转变。父母可以反思，如果爸爸没有批评孩子，而是劝导、安慰，后面的情绪就不会变得更加负面了。

通过"情绪地图"，父母可以了解情绪产生、酝酿、爆发的原因，找到预防情绪爆发的节点，吸取教训。

2. 教孩子画"情绪地图"

父母在教孩子画地图时，需要简化一下方法，让孩子更容易上手。

父母可以先让孩子找出一件不开心的事情，或者是别人的某些令他反感的行为。然后，父母可以引导孩子回顾当时的情绪变化，比如说刚开始只是有一点儿不舒服，后来如何如何就越来越生气了。这样，父母就可以发现是哪一个点刺激到了孩子，并找出解决办法。

3. 与孩子交换"情绪地图"

当父母和孩子都有"情绪地图"的时候，双方沟通有问题的时候，就可以更清晰地了解自己和对方的情绪变化，进而更轻松地解决问题。

  父母和孩子一起总结反思,在情绪还没爆发前就调整好心态,遇到问题学会积极沟通,避免负面情绪不断积压,以致情绪崩溃。

  父母不妨带着孩子画一张"情绪地图",只有了解了情绪及其变化规律,才能更好地掌控情绪。

第八章
建立正向思维，培养孩子的积极情绪

1 遭遇倒霉事件,引导孩子做出积极的情绪选择

情绪剧场:

星星终于说服了妈妈答应周六带她去游乐园玩。

好不容易等到周六,没想到一大早就下起了大雨。

星星看着窗外的大雨,不禁垂头丧气:"我怎么这么倒霉,偏偏是周六下雨!"

情绪分析:

悲观消极的孩子遭遇麻烦、挫折时,总是满怀沮丧、低落等负面情绪,不愿再继续努力,并频频发牢骚抱怨。如果一个人长期处在这种情绪之下,那他的整个世界也会是阴暗的。孩子长期在这种悲观的氛围下生活,斗志也会慢慢地被逐渐消磨殆尽。

孩子消极悲观的性格是如何产生的?

从小就缺乏父母关爱,是造成孩子消极悲观的原因之一。比如,在单亲家庭、留守家庭中长大的孩子,父母不大在意孩子,也很少主动关心孩子。渐渐,孩子就会变得沉默,不喜欢和其他人沟通,变得悲观。

而有些孩子则是因为父母过于严厉,感觉到的是被控制、被

压迫，却感受不到关爱，久而久之，就会变得消极悲观。尤其是随着年龄增长，孩子要学的东西越来越多，难度越来越大，承受的压力与日俱增，如果父母再继续给孩子施压，孩子就会担心自己做不到而变得悲观。另外，压力也会导致孩子悲观。网上有一位妈妈分享与孩子的对话，妈妈问孩子："为什么你看问题总是这么悲观？每次考试都还没开始，你就开始害怕可能考得差？"孩子回答："考砸了，爸爸会很生气，我很害怕他生气。"

悲观情绪会给孩子带来两种后果，一种是心理承受能力变差，另一种是做事缺乏动力，失去目标。

慈善家汤姆·亨特爵士说过一句话："我的生活经历让我发现，对待生活积极的人，生活更加幸福，事业更加成功。"积极乐观的孩子更容易看到事情好的一面，即使被打击到了，也能直面问题，找到继续努力的方向。在乐观的孩子眼中，世界是光明且可以期待的。而在悲观的孩子眼中，一切都是黯淡无望的。因此，悲观还是乐观会对孩子的学习、生活造成很大的影响。

给父母的情绪管理建议：

遭遇倒霉事件时，父母想要引导孩子做出积极的情绪选择，具体可以从哪些方面着手呢？

1. 父母多做积极评价

父母对事情的看法会影响到孩子，如果父母在遇到倒霉事件后，总是情绪消极，那孩子就会模仿父母的反应。因此，父母平时不妨多从积极的角度看待问题，多做积极评价，潜移默化地引导孩子。

2. 用"ABCDE"教孩子积极地看待倒霉事件

美国心理学家埃利斯有一个著名的"情绪ABC"理论。其中，A是发生的某一件事，B是对事件的消极认识，C是指受认识影响产生的消极行为和情绪。也就是说，人们对事件的消极认识导致了悲观心态。

一个人对于事件的看法是很难改变的，因此，心理学家们又在"ABC"理论的基础之上，推出了适合普通人学习的"ABCDE"方法。当孩子遭遇倒霉事件后，父母可以分为ABCDE 5步来教会孩子如何积极地看待问题。

A 父母引导孩子回忆事件经过，与孩子分析为什么会变得如此糟糕。

B 父母引导孩子回忆事件发生时，是否产生了负面想法、消极情绪。此时，父母需要保持耐心，并向孩子保证不论他有什么样的想法都不会惩罚他，直到孩子袒露心声。

C 父母引导孩子分析，如果放任消极情绪，会有怎样的后果。

D 父母反驳孩子对事件的片面认知，并告诉孩子积极的认知是什么，教他该如何处理这件事，也就是改变孩子的看法、行为。

E 父母鼓励孩子坚信积极的认知是好的，鼓励他采取积极的行动。

在刚开始时，父母可以逐步引导孩子学习"ABCDE"方法，等到孩子接受并基本掌握后,就可以让孩子自己训练,逐渐养成积极看待问题的习惯。

遇到倒霉事件,父母引导孩子做出积极的情绪选择,让他充满自信和斗志地迎接新的挑战。

2 没有幽默感的父母,如何培养幽默的孩子

情绪剧场:

小奕捧着漫画书看了一整天。

妈妈恨不得抢过他的漫画书,敲他的脑袋。

爸爸慢吞吞走过来说:"夫人,且慢。小奕,你和漫画书是不是都累了?我听见漫画书已经在抗议了。"

妈妈听到这话,怒火瞬间消退,小奕也忍不住偷偷笑了。

情绪分析:

幽默往往被看作是情商高的体现,具有幽默感的孩子大多活泼讨喜,人际关系中处处受欢迎。

在欧美国家,很多父母在孩子6周时,就开始进行"早期幽默感训练"。比如,父母会故意抱着孩子做出"往下掉"的动作,让孩子在体验下落的感觉的同时,无师自通地学会"闹着玩"这种初始的幽默。此时进行"早期幽默感训练"并不算很早,研究发现,幽默感从孩子出生后的第一个月就出现了。比如,小宝宝被逗一逗,就会笑起来。

6个月大的孩子已经可以理解鬼脸、假动作、滑稽的声音是幽默成分。父母如果用手遮住脸再打开，和孩子玩"躲猫猫"，就能引起孩子的好奇心，逗得他咯咯发笑。

1岁半到3岁时，孩子可以在不和谐的事物中发现幽默。这个阶段的孩子，看到父母穿错衣服，或者只穿了一只鞋子都会开心地笑起来。

3到4岁的孩子可以体会语言中的幽默。3岁以上的孩子会故意说一些错话，比如对着妈妈叫笨蛋，或者指着小猫叫汪汪，这就是孩子的小幽默了。这个年龄的孩子对与厕所相关笑话十分感兴趣，在听到屁屁、臭臭这类词时，孩子都会开心地笑起来。

4到6岁的孩子就可以自己制造一些幽默了，比如说些笑话、做恶作剧等。

7岁的孩子更喜欢比较复杂的幽默故事，无论是父母讲给他听，还是他讲给自己听，孩子都会充满兴味。

到了8到9岁的时候，孩子的语言表达更加清晰，思维逻辑更加严密，他们会兴致勃勃地讲述看到的趣事，并渴望看到父母被逗笑，肯定自己的幽默感。此时，孩子的幽默感已经明确地显露出来了。孩子想要幽默一把，就会绞尽脑汁地思考更好的表达方式。因此，孩子也总能说出一些诙谐却富有哲理的话。父母不妨抓住幽默的关键期，培养孩子的幽默感。

给父母的情绪管理建议：

恩格斯认为，幽默是在智慧、教养和道德上具有优越感的表现。父母教会了孩子幽默，也等于教会了他如何快乐地面对挫折和失败，如何与人相处。但不是所有的父母都有幽默感，那么，没有幽默感的父母该如何培养孩子的幽默感呢？

1. 给孩子讲夸张的故事

如果父母不擅长幽默，可以编一些夸张的故事讲给孩子听。比如，秋秋不喜欢刷牙，妈妈就可以对孩子讲"妈妈之前也不喜欢刷牙，结果可惨了！"秋秋问："怎么了？"

妈妈夸张地捂住腮帮子，说："有一次，我连续一个月没有刷牙，刚开始没觉得哪里不对，但不久牙齿上就出现了小人，先是在牙上挖坑，然后往里边撒种子，之后我嘴里就长满了五颜六色的花朵！"

秋秋"哇哦"了一声，妈妈假装很担心地说："快让我看看，你嘴里有没有小人在种花？"秋秋张开嘴，妈妈："我看到了，你嘴巴里的小人在种你最讨厌的土豆呢！"秋秋立即惊恐地说："我要刷牙，不要小人和土豆！"这样，既可以让孩子主动刷牙，还可以让孩子体会到幽默的感觉。

父母还可以多对孩子说一些夸张的话，做一些夸张的动作，这些都会让孩子兴奋地大叫大笑。

2. 带孩子看幽默的动画

幽默需要一定的观察力、想象力和表达能力。父母可以带孩子看一些幽默的动画、笑话段子、相声小品，等等，锻炼孩子的观察力、想象力和表达能力。

另外，有些动画、段子等质量参差不一，所以父母可以陪孩子观看，并适时提醒孩子，不可以用幽默的语言嘲笑、戏弄别人。如果孩子讲了伤害他人的笑话，也要及时制止孩子，并告诉孩子为什么不可以。

3 找方法不找借口，改掉孩子爱抱怨的习惯

情绪剧场：

亦可一回家就抱怨："这个鞋子太小了，我穿它都跑不快！"

妈妈："怎么了？"

亦可："今天测50米，我没及格，都是这个鞋子太小了！我早说要买一双新的！"

妈妈有些无奈，儿子跑得慢，就拿鞋子找借口，新鞋子买了一双又一双，也没见他跑快了。

情绪分析：

有些孩子在遇到不如意的事情，就满口抱怨。这虽然是宣泄情绪的一种方式，却会给孩子带来许多不好的心理暗示。

心理学中有一个叫作"吸引力法则"的理论，即思想集中在某一方面时，与之相关的人与事物都会被吸引。孩子抱怨所产生的负能量，会让他难以客观地看待事物，充满负面情绪。久而久之，看什么都不顺心，做什么都不顺心，使得事情越变越糟，陷入恶性循环。如果没有及时引导，孩子将会难以积极地看待问

题，变得喜欢退缩和放弃。

一些孩子爱抱怨，总认为是其他人导致了自己陷入不如意的境地，从不反思自己的问题。长此以往，孩子不仅会养成推卸责任的习惯，爱抱怨也会让孩子产生错误的自我认知。大多数孩子都没有对自我的正确认知，如果放任他们抱怨，让他们以为是环境导致失败，自己本身没有的问题。

孩子的抱怨有时候并不容易被发现，一些常见的言行举止，其实就是孩子在抱怨，只是被父母忽略了。一些孩子喜欢通过口头语言来抱怨，比如表达喜恶的"我不喜欢写作业！"再比如疑问、质问的句子"为什么要上学啊？我不上学行不行啊？""你有没有听我说话？""你看到我的……了吗？"除了发牢骚，有些孩子还喜欢用大声的命令，来表达想要抱怨的情绪，比如"妈妈！快过来！""要抱抱！"还有些孩子会直接用行动来抱怨，比如拉父母的手，抱住父母。另外，有时候孩子虽然没有明确的表示，但他会用眼神表达不满，以此来抱怨。

想要抱怨是人之常情，但有些孩子过于频繁地抱怨，就要引起父母的注意了，看孩子的抱怨背后是不是藏着未被满足的情感需求。

有些孩子是想要父母将注意力放在自己身上，多多陪伴自己。有些孩子则是比较脆弱，当他们在遭遇挫折时，会借抱怨将自己的痛苦告知父母，以期得到父母的安慰。

还有些孩子喜欢抱怨，则是因为父母在日常生活中常常抱怨、道人长短。孩子在这样的家庭环境中长大，遇到不顺心的事情，自然而然也学会了去抱怨他人。而有些父母过于溺爱孩子，总是满足孩子的所有愿望，在孩子摔倒大哭的时候，甚至会说："都是地不好，看我狠狠地打它一顿！"这也导致了孩子从不反思自己，一味指责他人。

给父母的情绪管理建议：

父母需要让孩子明白，面对问题，抱怨是无济于事的。那么，父母要如何做才能帮助孩子摆脱负面情绪，不再抱怨？

1. 改变表达方式

爸爸妈妈带着与墨去爬山，与墨走了不久就喊累。爸爸有些生气地说道："不是你强烈要求来爬山的吗？现在又一会儿说山里网络不好，一会儿说路不好走，早知道就不该带你出来！"与墨气呼呼走到一边不说话。

妈妈见状赶紧蹲下来，对孩子说："爬了这么久，不累才怪呢，我也觉得爬不动了。但辛苦肯定是值得的，要不怎么有那么多人要坚持爬到山顶去看风景呢？让我们互相打打气，就快到了。"与墨点了点头，跟着妈妈继续往山上爬。

孩子抱怨是因为内心的需求没有得到满足，所以才会通过抱怨表达不满，或者提醒对方。就像有些父母抱怨孩子太懒了，本质上希望孩子帮忙做家务一样。因此，父母不妨在与孩子沟通时，不再抱怨，直接对孩子说明你的需求，也鼓励孩子对父母说出自己的需求。

2. 耐心倾听

当孩子抱怨时，父母可以先停下手上的事情，耐心倾听孩子的抱怨。在此期间，父母最好不要打断孩子，或者批评、敷衍孩子，这样会加重孩子的负面情绪。

父母可以适当提问，引导孩子把事情原委说明。父母可以站在孩子的角度，帮助孩子分析问题，引导他找到解决问题的方法，从根源消除负面情绪。当孩子情绪平复下来后，父母可以直接告诉孩子，下次遇到麻烦，不要急着抱怨，先试试看能不能做些什么，让情况变好。

4 帮成绩差的孩子建立信心

情绪剧场：

小诺数学考试考了18分，妈妈生气地问："你是怎么答的卷子？就算是闭着眼睛答，也不能考这么一点儿分啊！"

小诺哭了起来。

妈妈："就知道哭，要是觉得丢人，你倒是好好学啊！"

情绪分析：

每一个孩子的智力水平、学习习惯、理解消化能力都是有差异的。所以，有的孩子成绩好，有的孩子成绩差。但父母总是不能接受自己的孩子成绩差，觉得孩子成绩差就是不求上进，忍不住狠狠责骂他。

被批评多了，孩子可能破罐子破摔，变得非常自卑，而父母却以为孩子脸皮厚，不知羞耻。

网上有一个问题是，成绩差，你会感到自卑吗？有人回答："会，因为成绩差，我做过很多伤害自己的事，我觉得自己不配开心，不配吃饭，不配被其他人喜欢。成绩差真的很让人自卑，就算表面上看起来无所谓，心里还是很自卑。"

作家苏珊·福沃德在《中毒的父母》中写道，没有一个孩子愿意承认自己比别人差，他们希望得到认可。孩子渴望逆袭，但很多父母只会责骂。但责骂不能改善孩子的成绩，孩子需要的是切实的帮助，以及父母的耐心与关心。

歌德说："人类最大的灾难就是瞧不起自己。"一个自卑、自己都不相信自己的人，很难取得成就。而在成长的过程中，孩子的自信，大多源自于父母的信任。

生活中，我们总能发现"前期成绩不错的孩子，提高成绩也很容易，而成绩差的孩子则很难提高。"这是因为孩子如果成绩不错，就更容易被表扬，那么孩子就会越来越自信，越来越有动力，进而努力让自己更加优秀，这就形成了良性循环。与之相反的是，前期成绩较差的孩子，经常挨批评，就会越来越没有自信，失去努力的动力。

很多父母在看到孩子的成绩时，都下意识地在孩子与成绩之间选择了成绩。看到成绩差，父母就否定了孩子的全部，觉得孩子不努力，没有出息。这种缺乏信任的环境，是难以让孩子生出自信心，而自信心则是孩子努力的动力。有了自信心，孩子才能直面自己的成绩，奋起直追。

给父母的情绪管理建议：

看到成绩时，父母不妨多给孩子一些信任和鼓励，帮助他建立起自信。

1. 调整心态

不论孩子考得如何，父母都需要放平心态，不让情绪为成绩剧烈起伏。同时，也引导孩子放平心态。

网上有这样一个真实事例，一个小男孩努力学习，却总是考得很差。一次，小男孩问妈妈："是不是我太笨了？"

妈妈回答："不是，这就像烧开水，别人的锅小，所以很快就开了。你的锅大一点，所以也要慢一点。"这句话一直鼓舞着小男孩，最后他考上了人民大学。

一时的成绩好坏并不重要，不让孩子觉得自己无可救药才是最重要的。父母引导孩子用平和的心态对待成绩，帮助他走出失败的阴影。

2. 给孩子一点儿刺激

小瑞数学成绩下滑太多，老师向妈妈反应。妈妈想了很久，等到小瑞回家后，就对他说："你们老师今天给我打电话了。"小瑞："我没考好。"妈妈："不是这件事，你们老师和我夸你了，他说你每天的作业都认真完成了，上课还积极回答问题。老师还说你多练练，下次一定能考好。"小瑞的眼睛一下子就亮了起来，在妈妈的陪伴下,热情高涨地刷起了数学题。

有时候,改变孩子的也许就是一句赞赏,父母给孩子一点儿鼓励,多夸一夸孩子,他就能充满动力。

3. 设定合理目标

当孩子成绩差的时候,自卑的情绪会淹没他,他会觉得自己什么也做不好。此时,父母可以给孩子制定一个合理的目标,然后引导孩子努力实现。

父母设定的目标不能太难,让孩子进一步受挫;不能太简单,让孩子体会不到成就感。目标最好是孩子努力一把,就可以做到的。然后,父母就可以肯定、鼓励孩子,帮助他重拾自信。

另外,父母设定的目标并不仅限于学习,父母还可以让孩子做家务、做手工、做运动、参与科学实践等。

5 在贫穷的生活中,教给孩子乐观

情绪剧场:

因为家境贫寒,王心仪的父母没钱为孩子们添置新衣,王妈妈就将亲戚们送来的衣服清洗干净,给孩子穿。

有人嘲笑王心仪穿着不合体,王妈妈就告诉她,不用理那些人,踏实做好自己的事情就好了。

即使身体不好,妈妈还是默默劳作,没有一声抱怨。在她的影响下,王心仪不仅刻苦读书,还帮忙做家务,照顾生病的家人，下地做农活。

2018年，王心仪以河北省文科状元的身份，考入名校。

情绪分析：

出身于贫穷的孩子买不起新衣、新文具，甚至餐餐都要捡便宜的饭菜吃，这会让一些孩子为此变得敏感、脆弱、自卑，被眼前的困顿打败。但物资匮乏的环境也可以锻炼孩子的意志力，让他看淡苦难，以更积极的态度面对学习和生活。

电影《佐贺的超级阿嬷》讲述了日本喜剧泰斗岛田洋七与他的外婆的故事。岛田洋七的父亲身亡后，他的母亲无力抚养，只好将年仅八岁的岛田洋七送到住在佐贺乡下的外婆家。当时的佐贺十分荒凉，岛田洋七只能住在简陋的草房中，没有电器可用，甚至还常常吃了上顿没下顿。

但万幸的是，陪伴岛田洋七度过这段艰难岁月的人是超级乐观、却富有智慧的外婆。当时物资十分匮乏，小小年纪的岛田洋七常常满心忧虑，但外婆总有妙招，她在腰上挂着长绳，系上磁块，在路上捡拾被丢掉的东西，积少成多再拿去变卖。她用长木棍拦住从河流上游的菜市场漂下来的瓜果蔬菜，把咬痛小孩的鳌虾做成美味的食物，暖脚的热水袋里可以倒出热气腾腾的茶水，用来招待客人，转眼又变成秋游路上为同学解渴的宝贝。这些奇妙的小招数让岛田洋七贫穷的童年生活充满了趣味。

当岛田洋七为贫穷的生活发愁的时候，外婆告诉他"有钱人非常辛苦，我们家是穷得开朗。""要笑着和人打招呼，我们穷人最需要做的，就是露出笑容。"外婆善于乐观地看待问题，岛田洋七正是学到这一点，得以乐观地克服种种挫折与磨难，有了今日的成就。

大多数孩子对于贫穷的认知，都来自于周围人的态度。父母乐观地对待贫穷的生活，孩子也能笑对磨难，变得乐观开朗。

给父母的情绪管理建议：

"世界上只有一种英雄主义，就是看清生活的真相后，依旧热爱生活。"贫困的生活不意味着痛苦，父母不妨与孩子一起拥抱生活，教会他乐观处世。

1. 对孩子用心

"再苦也不能苦孩子，再穷也不能穷教育。"即使生活贫困，父母在对待孩子时，也需要用心一些，不能敷衍。

网上曾流传过这样一组照片，两个家境贫寒的孩子背着父母自制的书包，一个孩子背的是食品袋做成的书包，穿着一身脏破衣服。其他孩子都背着精美的书包排队，那个孩子垂着肩膀孤零零地站在一旁。

另一个孩子虽然也背着父母自制的书包，不过他的书包就要用心很多了。虽然材料便宜，但外观却很亮眼，还做了装饰。这个孩子的身上穿的校服也干干净净，蓝色的书包与校服十分相配，孩子展示书包的样子，更是仰首挺胸。

哪怕生活贫困，没有新衣服穿，父母也可以多用心，尽量保证孩子干净整洁，不因邋遢而遭人白眼。这样的孩子也更容易获得他人的好感，建立自信心。另外，孩子学习要用必需品，如纸、笔等，父母也可以准备好，避免影响孩子学习。

2. 丰富孩子的生活

物质匮乏时，父母可以尝试丰富孩子的生活，带他劳作、做手工，陪他一起看课外书、学习、讲故事，让孩子的精神生活富足起来。长期的精神匮乏，会让孩子感到疲劳、厌烦，而各种各样的活动则可以让孩子发现，就算生活是贫穷的，但也可以很快乐，进而保持积极、乐观的态度。

物质上的贫穷可以改变，但如果在心态上、精神上变得贫穷，那么孩子才会真正困顿地度过一生。父母教孩子乐观，就是送给了他一笔受用终身的无形财富。

6 增强掌控感，提升孩子的自信

情绪剧场：

妈妈："现在开始写数学作业。"

赵姗不情愿地掏出作业本。

15分钟后。

妈妈："数学写多少了？快完了吗？"

又10分钟过去。

妈妈："写完了吧？该写英语了。"

在妈妈紧锣密鼓地催促下，到了九点，赵姗的作业还没写完。

情绪分析：

心理学研究认为，如果一件事的掌控者不是自己，自己就会没有完成的积极性。比如，父母把孩子的学习一把抓，孩子成了提线木偶，失去掌控感，也只能被动地动一动。

那么，掌控感到底是什么？

掌控感就是指人们相信自己可以决定自己的内在状态，以及外在行为，可以改变周围的环境，并拥有实现预期结果的信心。

有多项研究证实，如果一个人的掌控感很强，就能缓解一定的压力，提高心理承受能力与幸福度。掌控感强的孩子总能灵活应对各种突发状况，哪怕遭遇挫折，他们也会相信自己能够做到，然后想方设法地克服困难，实现自己的目标，掌控自己的生活。

孩子的掌控感来自于从小到大不断地尝试，和无数的成功经验。从婴儿时期的抓握、抬头、翻身、爬行，到长大后的站稳、走路、跑步……孩子渐渐掌控自己的身体，进而开始尝试探索周围的环境。

而有一些控制欲旺盛的人，会越过界限尝试掌控他人，这正是缺乏安全感、掌控感和自信心的表现。在日常生活中，年幼的孩子处于从属地位，很难掌控周围的事物，甚至是自身天然就缺乏掌控感。

孩子缺乏掌控感，可能出现以下 3 种表现。

第一，容易感到焦虑、恐慌

缺乏掌控感的孩子，在接触到新环境或者新鲜的事物后，未知会让他感到无所适从，产生焦虑、恐慌的情绪。此时，孩子可能会寻求父母的帮助，以增强自己的掌控感。

第二，自尊心低、过于情绪化

在孩子年幼时，大多通过控制自己的身体、想法，以及支配周围的事物和他人，来建立并提高自尊心。如果孩子发现掌控不了这些，甚至事事都要听父母的话时，就会大受打击，动辄哭泣吵闹、大发脾气。

第三，缺乏积极性、行为拖延

长期缺乏掌控感，孩子就会觉得无论自己怎样努力都没主动权，且难以达到预期的效果。久而久之，孩子就会不愿意去尝试，他们总是有意无意地拖延、逃避，不想面对不受自己控制的局面。

给父母的情绪管理建议：

缺乏掌控感，孩子的性格塑造、学习、生活都会受到影响。因此，父母不妨适当放手，合理引导，增强孩子的掌控感，提升他的自信心。

1. 让孩子在游戏中体验掌控感

年幼的孩子在现实生活很难体验到控制感，所以，父母可以带孩子玩游戏，让孩子发号施令，满足他的心理需求。在游戏中，父母可以听从孩子的安排，让孩子做主导者，让他在游戏中获胜。

父母可以带孩子玩类似于"木头人"这样的游戏。孩子可以对父母喊出"一！二！三！木头人！"然后父母就要保持动作，一动不动，直到孩子喊一声"解除！"

孩子有可能故意让父母保持不动的姿态一段时间，此时，父母需要耐心一点儿，遵守规则。父母也可以多找些人一起来玩这个游戏，这会让游戏变得更加有意思。

2. 让孩子做他喜欢做的事情

有研究表发现，自我认同感越高，人们获得的掌控感越强。因此，父母可以让孩子做一些他喜欢做的事情，用自己喜欢的方式生活。比如，父母可以让孩子自己决定穿什么颜色的衣服，用哪一种餐具吃饭，学哪一种兴趣班等。只要是不会影响孩子健康生活的，父母都可以试试让孩子来做选择。

3. 让孩子做简单的小事

很多时候，那些看似简简单单、微不足道的小事情，反而可以让孩子快速获得掌控感。因此，父母可以让孩子尝试清洁、整理收纳、制作食物、照顾盆栽、照顾宠物、做手工等，都可以让孩子在短时间内体验成功，提升掌控感。

很多事情，孩子并不是做不到，只是认为自己掌控不住，缺了一份自信。父母增强孩子的掌控感，使他重拾自信，孩子就会发现，原来那些事情都不算难。

7 发现美，培养孩子热爱生活的能力

情绪剧场：

傍晚，妈妈带着林柯出门散步。

妈妈指着天边的晚霞，对林柯说："快看，云朵好漂亮。"

林柯点点头："哇哦！真好看！"

妈妈指了指，说："你看那个像不像小狗！"

林柯："我觉得像花……"

然后，母子二人就这样，你一言我一语地讨论起来了。

情绪分析：

生活中有许多美好的事物，父母不妨引导孩子用心观察，去发现生活中的美。

法国雕塑家罗丹说过："生活中并不缺少美，只是缺少一双能够发现美的眼睛。"有这样一个故事，一名作家去山区采风，立即被当地的青山绿水、农田花鸟惊艳到了。她对一个正在耕作的老农民赞叹："你们这里真是太美了，在这里生活真是幸福啊！"但没想到，老农民却一头雾水："我们几代人都住在这儿，没觉得哪里美啊！"

对待同样一件事物，有的人觉得很美，有的人却毫无感觉。对于世代的艰苦劳作的老农民来说，土地和庄稼就是生活的全部，美丽的景色在疲惫麻木的眼中，也变得不值一提。

当父母因为焦虑用繁重的学习填满孩子的生活，数学、英

语、舞蹈、编程、滑冰……孩子的眼里只有学不完的知识，又怎么有精力去关注路边的一朵小花有多可爱，雨后的空气有多令人心旷神怡？

我国的心理学家李子勋曾说过："上100堂早教课，不如带孩子去亲近大自然。"过早地让孩子感受到学习的重压，只会扼杀他们对学习的兴趣。父母不妨空出一些时间，陪孩子与大自然亲密接触，给孩子喘息的机会，让他尽情地释放天性。

同时，走进大自然也有助于孩子提高对学习的热情。在奥妙无穷的大自然中，孩子可以自由地探索，不断激发求知欲。春天，看小草发芽；夏天，听小鸟唱歌；秋天，描绘落叶的形状；冬天，在雪地里撒欢。孩子在玩耍的过程中，学会了如何观察、如何动手实践，如何自己思考出答案。走进大自然，孩子边玩边学，保持着高涨的学习热情，这是单纯的知识灌输永远也做不到的。

当然，生活中也不是只有大自然是美的。如博物馆、动物园、艺术展、科技展等，都潜藏着无数不同类型的美，等待孩子去挖掘。

发现美并不是一件很难的事。当孩子看到某种事物，忽然被深深地吸引了，他入迷地看着，心中感到愉悦，或者生出了感动的感觉。那么，这就是孩子在发现美、欣赏美了。但年幼的孩子难以做到敏锐地发现美，持续地欣赏美。这时，就需要父母来培养他发现美的能力。

给父母的情绪管理建议：

发现美需要孩子具有一定的观察力，而观察力则是一种需要培养的习惯和能力。在孩子开始对外界的事物敏感，且充满好奇心，比如"长时间盯着某个东西看、反反复复地看；或想要上手触碰、拆开；或者问这是什么、这是为什么"时，父母就可以着手培养了。

1. 有目的性的细致观察

在观察过程中，孩子的目的越明确，观察得就越细致。比如，父母带着孩子去动物园，孩子走马观花地看了大半天，也不见得可以说清老虎和狮子有什么不一样。但如果父母让孩子去观察老虎长什么样，孩子就能够说出老虎的皮毛纹路、体型大小等。

父母可以教孩子从不同方面观察事物的特征。比如：大小、形状、颜色、纹路、触感、气味，以及动态是什么样子。父母还可以让孩子观察事物发展的不同阶段，比如，花朵开放与凋落有什么不同。久而久之，孩子就能有体系地观察了。

另外，父母还可以让孩子独立做观察记录，用彩笔描绘观察到的东西的样子。年纪大点儿的孩子，还可以添加一些文字描述。

2. 启发联想

父母可以在孩子观察结束后，适时引导孩子展开联想。父母可以根据孩子观察到的事物的外形、触感、气味等，引导他想象这些像什么。

比如，孩子观察到一朵花，花的样子可能会让他联想到妈妈的裙子，花的颜色可能会让他联想到自己的彩笔，花的气味可能会让他联想到刚刚吃掉的糖果。如果孩子说不出来，父母可以开个头，给他做示范，或者给他一点儿提示。

在联想时，孩子会更加仔细地观察事物的特征，并挖掘出生活中的一些美好。

3. 耐心等待孩子观察完

孩子观察事物会花上一段时间，这就需要父母保持耐心，等一等他了。很多父母在孩子驻足观察时，都会说："快看，那个……"这就打断了孩子的观察。还有些父母则是在孩子和你分享时，说："嗯，你自己看吧！"父母敷衍的态度就会降低孩子观察的欲望，使他兴趣大减。

每个人对美的理解都不同，父母尊重孩子的审美，并给他养成良好的观察习惯，孩子的眼睛自然就能捕捉无数生活中的美好。